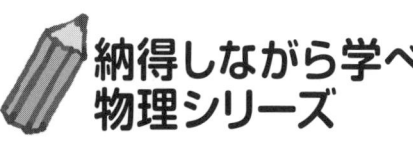

納得しながら学べる物理シリーズ ②

納得しながら 基礎力学

岸野正剛

[著]

朝倉書店

まえがき

　現代の物理学，ことに古典物理学はニュートン力学がその源です．ですから，物理学を基礎から学ぶには力学を基礎から学ぶことが絶対に必要です．基礎力学を知らなければ物理の基礎はわからないからです．

　現代では学問が多くの分野に細分化されたこともあって，一般には力学と物理学は別物と受け取られているようです．しかし，初学者のとっては物理学の基礎が力学であることは重要で，基礎力学をよく理解していないと物理学が難しいものになり，場合によっては物理学を学ぶことが困難になります．

　しかし，基礎力学の本もこれまでの教科書を見ると，難しくわかりにくい本になっている場合が多いように思います．その原因はいくつかあります．

　①物理学の説明に難しい数学が使われている．

　②内容が一般論でかつ一般論の数式で表されている．例えば，閉じた曲線も一般論で書けば難しい式になりますが，閉じた曲線として円を使えば簡単な式で表すことができます．

　③著者の常識が初学者の常識と，しばしばかけ離れている．力学を学ぶ人なら，こんなことは誰でも知っているはずとの著者の思い込みで書かれた本は難しくなります．

　本書では，これらの原因を取り除いて執筆しました．しかし，簡単な数学の微分と積分やベクトルについては，やさしく説明した上で使います．

　物理学の現象は，言葉だけでは簡潔に表しにくいことも多いからです．こうした場合には，これらを簡単な微分や積分の式で表すと，上手に表せるのです．また，微分や積分で表される物理現象は，表された数式から物理現象を読みとりやすい利点もあります．例えば，慣性の法則なども，言葉だけでは説明しにくいのですが，積分の式を使うとわかりやすくなり，納得できるような説明が

できます．また，物理現象は3次元空間で起こることなので，3次元を表すベクトル記号を使うと，物理現象を簡単にわかりやすく説明できるのです．

それと同時に，簡単な微分や積分，そしてベクトルもわからないで学んだ基礎力学は，この後につながらない基礎力学になってしまいます．すなわち，このような学び方をすると，基礎力学の次に学ぶ，少しアドバンストな物理学の内容が難しいものになり，理解しにくくなります．結果として，物理学の別の分野の勉強はすべて苦手ということになりかねないのです．

本書の内容は，まずガリレイに始まる古典力学を覗いてニュートン力学が誕生するまでの歴史を概観した後，運動の三法則などの力学の基礎から始めて，微分積分の公式の使い方，ベクトルの基礎などを紹介しながら，質点の力学を使って，等速運動，等加速度運動から運動量と力積，円運動，単振動と進めました．この中には摩擦力や天体運動も挿入しました．このあとエネルギーとエネルギー保存則について使い方も含めて説明し，最後に剛体と剛体の力学について簡単に触れました．また，付録に少しだけアドバンストなベクトル演算を載せました．

以上の内容を，最初に述べた基礎力学が難しくなる原因の上記①〜③を取り除いて執筆しました．①に関しては簡単な微分，積分，そしてベクトルは使いましたが，それ以外の難しい数学は使わず，例題を豊富に使い，言葉での説明に工夫を凝らし，力学現象の内容が納得して理解できるように工夫しました．

②については，一般論や一般式の数式を使って力学現象を説明すること避け，容易に理解できる具体的な例を使って説明することにしました．③については，力学の本などで説明なしに使われている常識や記号についても説明することにしました．だから，本書で使うギリシャ文字はすべて日本語読みを，括弧などを使って示すことにしました．

以上の処置によって，本書がわかりやすく納得できる基礎力学の教科書または参考書になっていると考えていますが，実際に読まれた読者の方がどのように感じられるかは，また別のことです．読者の方々の忌憚のないご批判なり，コメントを頂ければ幸いです．

2013年8月

岸野　正剛

目　次

1. 古典物理学の誕生と力学の基礎 ································ 1
   1.1 ガリレオから始まった古典物理学と力学 ···················· 1
   1.2 ニュートン力学の出現とその後の発展 ······················ 5
   1.3 速度と加速度と力 ·· 7
   1.4 引力と重力 ··· 10
   1.5 速度，加速度，力などの単位 ····························· 12
   1.6 物理量と微分と積分の関係および簡単な公式 ··············· 14
   1.7 重力質量と慣性質量 ····································· 19
   1.8 ニュートン力学の3原則 ································· 20
   1.9 慣性の法則の運動方程式を使った謎解き ··················· 22
   1.10 質点の力学について ··································· 25

2. ベクトルの物理とそのやさしい基礎 ···························· 28
   2.1 物理量とベクトルとスカラー ····························· 28
   2.2 多次元量をベクトルで表すさまざまな方法 ················· 30
   2.3 ベクトルの和と差の演算 ································· 33
       2.3.1 数の並びの表示を使う場合 ······················· 33
       2.3.2 ベクトル記号を使う場合 ························· 34
       2.3.3 ベクトルを表す矢線の図を使う場合 ··············· 36
   2.4 ベクトルの合成と分解 ··································· 38
   2.5 数の並びで作られる行列 ································· 40
   2.6 ベクトルと行列は親類関係 ······························· 41

2.6.1 ベクトル記号を使った3次元ベクトルの表示方法 41
   2.6.2 ベクトルの行列による表示 42

3. 等速運動と等加速度運動 45
  3.1 等速直線運動 45
  3.2 等加速度直線運動 47
  3.3 重力加速度下の等加速度運動 49
    3.3.1 自由落下運動 49
    3.3.2 水平方向に投げた物体の運動 52
    3.3.3 斜め上方向に投げた物体の運動 55

4. 運動量と力積および摩擦力 60
  4.1 運動量 60
  4.2 力積 62
  4.3 運動量と力積の密接な関係 64
  4.4 運動量保存の法則 67
  4.5 二つの物体の衝突と反発係数 73
  4.6 摩擦力 75

5. 円運動，単振動，および天体の運動 82
  5.1 等速円運動 82
  5.2 単振動 88
    5.2.1 円運動と単振動 88
    5.2.2 単振動とフックの法則 92
    5.2.3 単振動の応用 94
  5.3 角運動量と角運動量保存の法則 96
    5.3.1 回転運動と慣性 96
    5.3.2 力のモーメントと慣性モーメント 97
    5.3.3 角運動量と角運動量保存の法則 100
  5.4 万有引力と天体の運動 103

目次

    5.4.1 重力 ······················· 103
    5.4.2 天体の質量 ··················· 104
    5.4.3 天体の運動 ··················· 107

6. エネルギーとエネルギー保存の法則 ············ 111
  6.1 仕事とエネルギー ···················· 111
  6.2 ポテンシャルエネルギー ················ 113
    6.2.1 重力による位置のエネルギー ········ 113
    6.2.2 弾性力によるポテンシャルエネルギー ···· 115
  6.3 運動エネルギー ····················· 117
  6.4 エネルギー保存の法則 ·················· 121
  6.5 仕事率 ························ 126

7. 剛体および流体の力学 ···················· 130
  7.1 剛体と剛体に働く力 ·················· 130
    7.1.1 剛体に働く力 ················· 130
    7.1.2 質量中心と重心 ················ 131
    7.1.3 力のモーメントと力のつり合い ······· 134
    7.1.4 慣性モーメント ················ 137
  7.2 剛体の運動 ······················ 140
    7.2.1 剛体の運動方程式 ··············· 140
    7.2.2 回転運動の方程式 ··············· 140
  7.3 流体の力学の基礎 ··················· 143
    7.3.1 流体の力学の基礎事項 ············ 143
    7.3.2 パスカルの原理 ················ 146
    7.3.3 アルキメデスの原理 ············· 147
    7.3.4 ベルヌーイの定理 ·············· 148

付録：ベクトル演算 ······················· 154
  a ベクトルの四則演算 ··················· 154

a.1	ベクトルの演算の特徴 154
a.2	ベクトルの和と差 154
a.3	スカラー倍とスカラー積 155
a.4	ベクトル積 156

b 単位ベクトルとその性質および活用 157
    b.1 単位ベクトルとその性質 157
    b.2 単位ベクトルの活用 158

c grad, div, rot の意味と用法 159
    c.1 ベクトルの微分演算子とナブラ ∇ 記号およびラプラシアン Δ 記号 159
    c.2 grad 160
    c.3 div 160
    c.4 rot 161

演習問題の解答 164

索　引 179

Chapter 1
古典物理学の誕生と力学の基礎

　物理学は自然科学のモデルとか代表的な自然科学だとか言われていますが，物理学の始まりは力学です．そして，最初の物理学である力学はガリレイが起源だと言われますので，ガリレイの話から説明を始めます．ガリレイの後，力学を通して古典物理学の基礎を本格的に確立したのはニュートンです．ですから，本書では物理学の歴史を簡単に概観した後，ニュートン力学の基本である力学の三原則をやさしく説明することから力学の話を始めます．

 ガリレオから始まった古典物理学と力学

▶物理学，力学は合理的で実証的な学問

　自然科学の歴史は文系の学問と異なって発展的であると言われます．たとえば，自然科学が芽生えたギリシャ時代の科学と現在の科学の物理学を比較すると，現代の物理学の方が進んでいて優れていることは万人が認めます．しかし，文系分野の哲学などではギリシャ時代のアリストテレスやソクラテスの思想と現代の思想との優劣は判定しかねます．ギリシャ時代の哲学の方が優れていると主張する人も多いのですから．

　自然科学，ことに物理学が他の分野の学問と違ってこのような形の歴史を持っているのは，物理学が科学者たちの業績の積み重ねによって発展したからだと言われています．それと同時に，物理学は合理的な考えに従って実証的に発展してきました．

　しかし，実質的に物理学が合理的な考えに立って実証的な発展を始めたのはルネッサンス時代のガリレイ(図1.1, G. Galilei, 1564〜1642)からであり，ニュートンによってこの方針が受け継がれ，古典物理学の基礎が確立されたと言われています．ニュートンによる力学が実証的である証拠は，たとえば天体現象に見られます．誰でも知っている天体現象に日食や月食がありますが，日食が次

図 1.1　ガリレオ・ガリレイ

にいつ起こるかは，極めて正確に予測できるのです．すなわち，日食が起こるのが 10 年先であろうと，何年何日の何分，何秒の単位まで言い当てることができるようになっています．このことは 2012 年に日本の各地で観測できた金環日食において，多くの日本人が体験したのではないでしょうか．

▶慣性の法則を最初に指摘したのはガリレイであった

　力学には物体のつり合いを扱うテコなどの静力学と，物体の運動を対象とする動力学がありますが，動力学が学問的になったのはガリレイからであると言われています．ガリレイには有名な『天文学対話』と『新科学対話』の 2 冊の代表的な著作があります．

　『天文対話』では天体の観測を通して地動説の正しさを証明しようとしています．ガリレイは地動説を主張したことで宗教裁判にかけられましたが，この関係で『天文対話』は一般の人にも有名になっている本です．

　『新科学対話』は力学の基礎に関するもので，この中に驚くべきことに慣性の法則，落体の法則，放物運動などが記述されています．ここでは，本格的な力学がガリレイから始まったことを納得するために，ガリレイが慣性の法則に到達した考察について説明することにします．

　ガリレイは斜面上を運動する物体の思考実験から慣性の法則の発見に到達しています．いま，図 1.2 に示すように，最初斜面上の坂道の点 A にあった質量 m の物体 S が坂道を落下して点 B に到達したとしましょう．すると，この物体 S は落下することによって一定の速度を得ます．

　この速度を得た物体 S に坂道 BC を昇らせますと，坂道 BC を昇る物体の速度は次第に遅くなる，つまり，減速しながら坂道 BC を昇ります．坂道が図 1.2

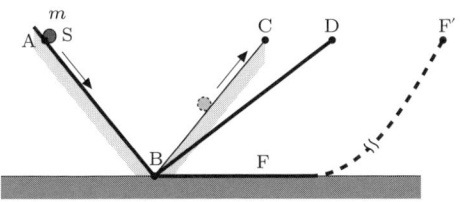

図 1.2　ガリレイが思考実験に使った坂道

の BC のように急な場合には，物体 S の速度は急速に減速します．

ですから，このような坂道では物体の上昇 (前進) は短い時間しか保てません．しかし，図 1.2 の BD のように登り坂の傾斜角が小さくなると，坂道を登る物体の速度の減速はやや緩やかになりますので，物体 S は比較的長く上昇前進を続けることができます．

さらに傾斜角が小さい坂道を登らせると，物体 S の減速の速度はさらに遅くなって，登る速度はなかなかゼロになりません．つまり，登り坂の角度が小さくなるにつれて物体 S は長い時間坂道を登り続けることになります．もしも登り坂の坂道の傾斜角を 0 度にして物体 S が点 B から F で示すような平らな道を進むようにすると，物体 S の減速速度は非常に小さくなり前進し続ける時間は最も長くなりそうです．

地上の普通の道では，坂道でも平らな道でも，物体と道の間に摩擦力が働きます．このために物体の前に進む速度はその分だけ遅くなります．しかし，もし摩擦力が存在しなければ坂道を登る物体や平らな道を前進する物体の運動はどのようになるでしょうか？

ここで，ガリレイはかつて自分が行った振り子の実験を思い出しました．物体をおもりとした振り子の運動では空気抵抗はわずかに働きますが，この場合は空気との摩擦ですので，摩擦力はゼロに近似できるほど極めて小さく，摩擦力がない運動を考えるには良い参考例になります．

そこで，図 1.3 に示すような糸の先端に物体 S を付けた振り子を考えることにします．この振り子は，点 A から長さ AB の腕の先におもり S を吊り下げて，振り子として運動します．いま，この振り子のおもり (物体 S) を点 B まで持ち上げて，点 B でおもり S を離すと，おもり S は原点 O を通って，反対側の点 B と同じ高さの点 C まで上昇する往復運動を始めます．

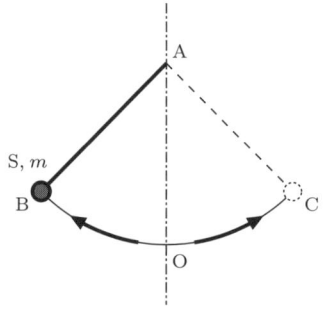

図 1.3 振り子の運動

すなわち，振り子の往復運動では，図 1.3 に示すように，おもり S の最初の位置の高さ h と原点 O を通過した後にたどり着く最高点の点 C の位置の高さ h が同じになります．ですから，このことから類推して，もしも，図 1.2 に示した坂道や傾斜角が 0 度の平らな道で摩擦力が働かなければどうなるでしょうか？

坂道の場合にも，ある速度を得た物体 S が点 B から坂道を昇って到達する地点の高さ位置 h は，摩擦がなければ坂道の傾斜が異なっても，振り子のおもり S が到達する位置のように，最初の位置 A と同じ高さになると考えられます．ですから，図 1.2 の場合には，点 C，点 D の高さは点 A と同じになるはずです．

平らな道 F の場合はどうでしょうか？ 平らな道の場合も到達点の高さは，点 A の高さと同じ F′ だと考えましょう．なぜなら，物体 S は点 B までの下り坂によって高速度で前進できる能力を得ていますから，物体 S は高さ h の位置まで到達できるはずだからです．

物体 S が平らな道を進む場合は 2 通りの解釈が可能です．第一の解釈では，物体 S の到達点は図 1.2 で点 A と同じ高さ h の点 F′ ですが，平らの道を進むのでいくら進んでも物体 S は点 A と同じ高さ h に到達できません．ですから，物体 S はいつまでも前進し続けます．すなわち，物体は永久に運動し続けることになります．

第二の解釈では，物体 A の進む道は平らなのですが，到達点の F′ には高さ h があります．この条件で物体 S の進む道が平らであるためには，物体の進む道の傾斜角が 0 でなくてはなりません．この道の傾斜角が 0 であるためには，到達点までの平らな道の距離を L とすると傾斜角はほぼ h/L で表されるの

で，h/L の値が 0 になる必要がありますが，このためには L は無限大でなければなりません．したがって，物体 S は無限大の距離を進むことになります．すなわち，物体は無限に運動し続けなくてはなりません．

第一，第二のいずれの解釈に従っても物体 S はいつまでも動き続けることになります．つまり，摩擦力がなければ，点 B である速度を持って動き始めた物体は永久に運動し続ける，すなわち慣性の法則が成り立つことがわかります．

以上の思考実験によってガリレイは慣性の法則を発見しました．しかし，慣性の法則が誰でもが素直に納得できるように数式を使って，この法則が証明されるにはニュートン力学の登場を待たねばなりませんでした．数式による証明については，このあと 1.8 節で具体的に説明することにします．

ガリレイはこのほかに落体の法則や放物運動なども扱いましたので，地上の動力学を明らかにしたのはガリレイだと言われています．なお，天体の動力学については惑星運動が円運動でなくて楕円運動であることを明らかにすると共に，ケプラーの法則を発見して天体の運動をより詳しく解明したのはケプラーでした．

 ニュートン力学の出現とその後の発展

▶巨人の肩に乗って大きく飛躍したニュートン

ニュートン力学の根幹をなすものは，(内容についてはこのあと説明しますが) 万有引力の法則，運動の三原則，および微分積分法であると言われます．これらの 3 個はすべて 1687 年に出版された，ニュートンの主著でもある，『プリンキピア』にまとめられています．『プリンキピア』の日本語名は『自然哲学の数学的諸原理』です．『プリンキピア』は合わせて 3 巻ありますが，これらの重要な 3 個はすべて第 1 巻にまとめられています．

ニュートン (図 1.4, I. Newton, 1642～1727) は彼の業績が賞讃されたときに，「私がこれまでの科学者の方々より遠くまで見通すことができたのは，私が『巨人の肩に乗って』いるからである」と謙虚な発言をしたと言われています．この「巨人の肩に乗って」という言葉は，ニュートンが言ったということで有名になっていますが，この言葉自体は中世以降人々によってしばしば使われて

図 1.4 アイザック・ニュートン

きたものだと伝えられています．

　それはさておき，ニュートンはこの言葉が示すように先人たち，すなわち，ガリレイやケプラーたちの仕事の内容を徹底的に勉強したようです．これら先人から得た知識を基にしてニュートンは彼独自の新しい力学を確立したと言えます．

　ニュートン力学がガリレイやケプラーの力学より進んでいる点は以下の四つであると言われています．それらは，

　① 力の概念を一般化したこと，
　② 質量の概念を確立したこと，
　③ 力の平行四辺形の法則を一般化したこと，

および

　④ 作用，反作用の法則を初めて確立したこと

です．

　ニュートンによって物理学が合理性と実証性が完全に備わった学問になったために，このときをもって古典物理学が確立したと言われています．というのは，量子力学が出現する以前から存在する物理学は，量子力学と区別するために古典物理学と呼ばれるからです．

　ニュートン力学が確立した後の古典力学の発展としては，ベルヌーイ (D. Bernoulli, 1700〜1781) の流体力学，オイラーの剛体力学などがあります．剛体力学はニュートンの質点の力学 (物体を質量が 1 点に集中した点として扱う力学) を実在の物体に近い剛体にまで拡張した力学で，これによって慣性モー

メントの概念が導入されました.

その後の力学の発展としては，少し高度の領域になりますが，ダランベールによるダランベールの原理とか，ラグランジェの解析力学などがあります．解析力学ではラグランジェの運動方程式が解かれます．さらには，ラプラスの天体力学などもあります．これらはすべてニュートン力学を基礎として，これをさらに発展させたものだと言えます．

1.3 速度と加速度と力

▶力を加えて物を動かすと加速度が発生する

誰でもが知っているように，物体に力を加えると物体は動き出します．力を加えると物体が動き出すということをもう少し詳しく見てみましょう．物体は力を加えると動き出します．静止していたときは物体の速度はゼロですから，物体が動き始めるということは，物体に力が加わることによって物体は速度を得たことになります．

つまり，静止している物体に力を加えると，物体は0の速度から0より大きいある値の速度になり，速度が大きくなります．ということは力を加えると物体は加速されるということです．力学では物体がゼロからある速度に加速されることは，物体が加速度を持ったと言います．ですから，物体に力を加えると，物体には加速度が生まれることがわかります．

なお，物体が動く大きさを表す言葉としては速さと速度がありますが，速さは大きさのみを表して，動く方向は表していません．しかし，力学で使う速さには方向が伴うことがほとんどです．方向も表す速さは速度と言われますので，この本では速度を使うことにします．

さて，いま物体の質量を m，物体に加える力を F とし加速度を a とすると，m, F, a の関係は，次の式で表されます．

$$F = ma \tag{1.1a}$$

したがって，加速度 a は次の式で表されることがわかります．

$$a = \frac{F}{m} \tag{1.1b}$$

この式の意味を図 1.5 を使って考えてみましょう．いま，力 F の大きさを一定にして，物体の質量が比較的小さい m_1 と質量が大きい m_2 の二つ場合 ($m_1 < m_2$) の加速度を a_1 と a_2 とすると，次の関係が成立します．

$$a_1 - a_2 = \frac{F}{m_1} - \frac{F}{m_2} > 0 \tag{1.2}$$

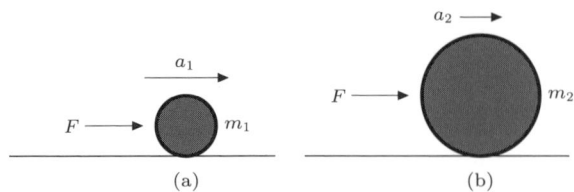

図 1.5 力 F と質量 m と加速度 a の関係

すなわち，物体に加える力 F の大きさが一定の場合には，物体の質量 m が小さいほど生れる加速度 a の値は大きくなります．このことは物体に力を加えたときに，加える力 F が一定ならば物体の質量が小さいほど物体は容易に動き始めることから納得できると思います．

また，物体の質量 m が一定の場合には，式 (1.1a) からわかるように，物体に加える力 F の値が大きいほど大きい加速度 a が得られます．ですから，力によって生じる加速度 a は物体に加える力 F に比例し，物体の質量 m に反比例します．

▶ 速度の傾きが加速度になる

次に，速度と加速度の関係を調べてみましょう．いま，速度を v としますと，速度 v と加速度 a の間には次の関係が成り立ちます．

$$v = at \tag{1.3a}$$

$$a = \frac{v}{t} \tag{1.3b}$$

ここで，t は時間を表します．なぜこれらの式に時間 t が出てくるかというと，物体に力を加えて物体が動く場合には時間 t が重要な役割を果たすからです．

たとえば，止まっていた物体 (速度 $v = 0$) が短い時間 t に大きな速度 v (v の値が大) で動き出す場合は急速加速と言いますが，速度 v が急速に大きくなるのは，このときに生じる加速度 a の値が大きいからです．

しかし，同じ速度 v に加速する場合でも長い時間 t をかけて加速する場合は，これは低速加速ですから，このときに生じる加速度 a は小さい値になります．ですから，縦軸に速度 v, 横軸に時間 t をとって式 (1.3a) を図に描くと，図 1.6(a) に表すような横軸に対して傾きを持った直線が得られますが，この直線の傾き (勾配) が加速度になります．

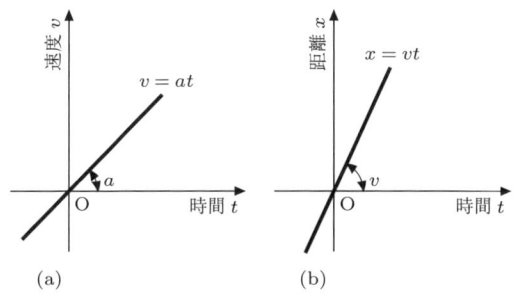

図 1.6　加速度や速度は勾配で表される

以上をまとめると，式 (1.3a) に示すように，速度 v は加速度 a と時間 t に比例します．加速度 a を中心に式を書き換えると，式 (1.3b) に示すようになり，加速度 a は速度 v に比例し，時間 t に反比例して変化します．そして，加速度 a は速度 v の傾き，つまり，速度 v の時間 t に対する勾配で表されます．

▶距離の時間に対する傾きは速度になる

また，速度 v は物体が動いた距離 x と時間 t を使って，次の式で表されます．

$$v = \frac{x}{t} \tag{1.4}$$

なぜなら，速度 v の大きさは，ある距離 x をどの程度の大きさの速さで動くかを示すもので，速度 v は距離 x を時間 t で割ると得られるからです．

式 (1.4) を縦軸に距離 x をとり，横軸に時間 t をとって図に描くと，図 1.6(b) に示すように，横軸に対して傾いた直線が得られます．速度 v はこの直線の横軸の時間軸に対する勾配で表されます．ですから，速度 v は距離 x の時間 t に

対する勾配ということになります．

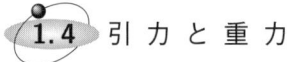
1.4 引力と重力

▶リンゴは地球に引きつけられると同時に，リンゴも地球を引きつけている

ニュートンは「庭のリンゴの木の木陰に座って黙想しているとき，リンゴが木から落ちるのを見て重力を思いついた」などという言い伝えがありますが，これは，古代研究家で王立協会の会員でもあった人が語った言葉らしいのです．王立協会というのはニュートンの若い頃イギリスで創立され，その後有名になった科学協会です．

図 1.7　木から落ちるリンゴ

この王立協会の会員は，さらに次のように述べたと伝えられています．ニュートンは「物体には一般に他の物体を引きつける力があり，地球が物体(リンゴ)を引きつけるだけでなしに，物体(リンゴ)も地球を引っ張っている」と考えていたと述べています．

次に，ニュートンは地球の重力が，地球からはるか離れた月の軌道まで及んでいるのではないかという考えに到達しました．そして，この考えを月の運動や太陽の周囲を回る惑星の運動(図 1.8)に適用して，惑星の運動についてのケプラーの法則の妥当性を確かめ，重力の存在を確認したと言われています．太

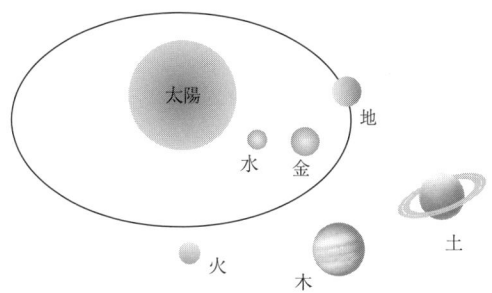

図 1.8　太陽のまわりを周回する惑星の運動

陽は地球などより質量がずっと大きいので，太陽の重力加速度は地球の約 28 倍ですから太陽の引力は非常に強大なことがわかります．

引力と重力についてのやや詳しい説明は 5 章の 5.4 節で述べますが，ともかく，地球の引力によって地上ではすべての物体に重力が加わります．このことは地球上のすべての物質には重力加速度が働くことを意味しています．地球の重力加速度を g で表すことにすると，あとで 5.4 節に示すように，重力加速度 g は万有引力定数 G を用いて次の式で表されます．

$$g = G\frac{M}{R^2} \tag{1.5}$$

ここで，M, R はそれぞれ地球の質量と地球の半径を表します．

式 (1.5) を見ると，重力加速度は天体 (地球も天体の一種) の質量に比例しています．質量が大きい天体ほど重力加速度の値が大きく，引力や重力が大きいのです．地球と月を比べると地球より質量が小さい月の重力加速度は地球の約 1/6 です．ですから，月の表面では物体は地球上の場合よりもずいぶん軽くなることになります．

なお，地球の重力加速度は g ですので，物体の質量が m であれば，この物体に加わる重力 F は，次の式で表されます (この力 F は物体の重さになります)．

$$F = mg \tag{1.6}$$

1.5 速度，加速度，力などの単位

▶力学では単位は非常に重要！

　力学では学問の性質上，具体的に計算して演習問題を解くことが非常に大切です．演習問題を解くことによって力学の理解は深まります．力学量についての理解なども詳しい説明を長々と聞くよりも，関連する演習問題を解いてみた方が理解しやすい場合が多いのです．また，力学は物理学の基礎なので，力学の問題を具体的に解いた経験は，物理学の他の分野の理解にも役立つ場合が多いと言われています．

　演習問題を具体的に解くには力学量の単位を正しく理解し，これを知っておくことが不可欠です．力学量として速度，加速度，力，および質量などは基礎となるものなので，これらの単位はよく理解して身につけておく必要があります．

　と言いますのは，演習問題を解いて，数式の解を求めることができても，その数式が正しいかどうかはわからないこともあります．また，得られた解が正しい場合でも，解答の具体的な値がわからなければ，その解の正しさが実感できないこともあるのです．しかし，解答の具体的な値を算出するには，関連する物理量の単位が具体的にわからなければどうにもなりません．

　物理量の単位を知るには，物理量を表す数式を利用するのが便利なので，ここでは速度 v，加速度 a，力 F などを表す数式を使ってこれらの単位を求めておきましょう．まず，速度 v の単位ですが，速度 v は式 (1.4) で表されるので，式 (1.4) に単位を付けて書くと，次のように [m/s] になります．

$$v = \frac{x[\text{m}]}{t[\text{s}]} = \frac{x}{t}[\text{m/s}] \tag{1.7}$$

ここで，m は長さの単位でメートル，s は時間の単位で秒 (second) を表す記号です．

　したがって，速度 v の単位は [m/s] となります．なお，この本では単位として MKS 単位を使うことにします．M, K, S はそれぞれ長さ，重さ，および時間の単位を表していて，それぞれメートル (meter)，キログラム (kilogram)，お

よび秒 (second) の英語表示の頭文字です．

よって，加速度 a は式 (1.3b) を使うと，同様に次のようになります．

$$a = \frac{v[\text{m/s}]}{t[\text{s}]} = a[\text{m/s}^2] \tag{1.8}$$

ですから，加速度 a の単位は $[\text{m/s}^2]$ です．

また，力 F の単位は式 (1.1a) を使いますと，同様にして

$$F = m[\text{kg}]a[\text{m/s}^2] = ma[\text{kgm/s}^2] \tag{1.9}$$

となるので，力 F の単位は $[\text{kgm/s}^2]$ となることがわかります．ここでは質量の単位として [kg] を使いました．

なお，力 F の単位はニュートンの力学に対する功績を記念して，[N]（ニュートンと読む）が使われています．[N] は力の単位ですから，MKS 単位を使って次の式で表されます．

$$[\text{N}] = [\text{kgm/s}^2] \tag{1.10}$$

また，1.4 節で述べた地球の重力加速度 g の単位と値をここで示しておきましょう．重力加速度も加速度ですから単位は $[\text{m/s}^2]$ で，重力加速度は値も含めて次のようになります．

$$g = 9.8[\text{m/s}^2] \tag{1.11}$$

ここで，単位計算に慣れるために，二，三の例題を解いておきましょう．

例題1.1 3 秒間に 45[m] の割合で進む自動車があります．この自動車の速度は秒速何 m ですか？　また，時速にすると，この自動車の速度はいくらになりますか？

[解答] 自動車の速度を v とすると，速度 v は式 (1.7) を使いますと，$v = 45[\text{m}]/3[\text{s}] = 15[\text{m/s}]$ と計算できるので，この自動車の速度 v は秒速 15[m/s] です．時速は 1 時間あたりの速度なので，時速を v_h で表すことにすると，秒速に 1 時間に相当する 3600 秒を掛けて 1 時間で割って，$v_h = (15[\text{m/s}] \times 3600[\text{s}])/1[\text{h}] = 54[\text{km/h}]$ となるので，時速にするとこの自動車の速度は毎時 54[km] です．■

例題1.2 速度が 15[m/s] で走っている自動車が，走り始める前の停止状態

から4秒間でこの速度になったとすると，この自動車の加速度はいくらだったでしょうか？

［解答］加速度 a は式 (1.8) を使えばよいので，$a = 15[\text{m/s}]/4[\text{s}] = 3.75[\text{m/s}^2]$ となります．だから，この自動車の加速度 a は $3.75[\text{m/s}^2]$ と求めることができます． ∎

┃**例題1.3**┃ 質量が $800[\text{kg}]$ の自動車に力を加えて加速したところ，加速度 a が $3.75[\text{m/s}^2]$ になった．このとき自動車に加えた力はいくらですか？ 単位はニュートン $[\text{N}]$ で答えて下さい．

［解答］力 F と加速度 a の関係は式 (1.9) で表されます．いま，自動車の質量 m が $800[\text{kg}]$ なので，この自動車が加速に使った力 F は $F = 800[\text{kg}] \times 3.75[\text{m/s}^2] = 3000[\text{kgm/s}^2] = 3000[\text{N}]$ となり，自動車に加えた力 F は $3000[\text{N}]$ と求められます． ∎

┃**例題1.4**┃ ある人が質量 $60[\text{kg}]$ の荷物を背負っています．この人の肩に加わる力はいくらですか？ $[\text{N}]$ 単位で答えて下さい．

［解答］地上のすべての物体には重力加速度 $g\,(= 9.8[\text{m/s}^2])$ が加わるので，この人の荷物にも，式 (1.9) で表される重力 F が働きます．荷物の質量は $60[\text{kg}]$ だから力 F は，$F = 60[\text{kg}] \times 9.8[\text{m/s}^2] = 588[\text{kgm/s}^2] = 588[\text{N}]$．したがって，この人の肩には $588[\text{N}]$ の力が加わります． ∎

1.6 物理量と微分と積分の関係および簡単な公式

▶速度や加速度などの物理量は微分や積分を使って簡潔に表すことができる

　物理量や物理現象は数学の微分や積分を使って簡潔に表すことができます．物理学や力学で使う微分や積分は物理的な意味を持っていますから，このことを理解しておけば，微分や積分を使うことによって物理量や物理現象をよりはっきりと，かつより深く理解することに役立ちます．

　物理学の立場で微分や積分を見ると，微分と積分は物理量や物理現象を表す便利な道具になっています．便利な道具が身近にあるのにこれを使わないのは

不合理ですから，この本の記述には微分や積分を使います．しかし，最近は微分や積分を苦手にしている人も多いので，用いる微分や積分はごく簡単なものに限り，使用する公式もやさしく説明して，数学を苦手とする人たちの障壁ができるだけ低くなるよう配慮します．

1.3 節で説明した速度，加速度，力などの物理量は物理学の基礎事項であると共に力学の基礎事項ですが，これらの物理量を微分や積分を使って表してみましょう．まず，速度ですが，図 1.6(b) に示す直線は距離 x の時間 t に対する変化を表しています．この直線の横軸の時間軸 (t 軸) に対する傾きが速度を表すので，速度は距離 x の時間 t に対する勾配で表すことができ，次の式で表されると述べました．

$$v = \frac{x}{t} \tag{1.4}$$

この式 (1.4) で表される勾配は直線の傾きですから，平均の勾配になっているのです．しかし，距離 x の時間 t による変化が，図 1.9 に示すように，曲線で表される場合には，曲線上の点 A における速度 v は曲線の平均勾配で表すことはできません．図 1.9 の曲線の点 A における速度 v を求める場合には，短い時間 Δt の間に進む短い距離 Δx を考えて，Δx の Δt に対する勾配が点 A における速度を表すので，速度 v は次の式で表されます．

$$v = \frac{\Delta x}{\Delta t} \tag{1.12}$$

Δx と Δt の表示方法を変更して，それぞれ dx および dt で表すと，速度 v は次の式で表されるようになります．

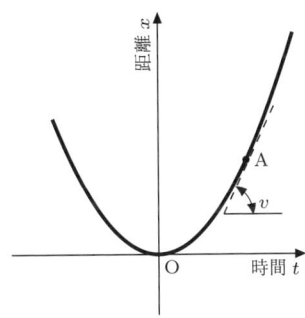

図 1.9　飛跡が曲線のときの速度 v を表す勾配

$$v = \frac{dx}{dt} \tag{1.13}$$

dx/dt は t による x の微分を表しています．ですから，物体の速度 v は，これが進む距離 x の時間 t による微分で表されることがわかります．もちろん，dx/dt は図 1.9 に示す距離 x と時間 t の関係を表す x-t 曲線の，点 A における勾配も表しています．

▶積分は微小部分を寄せ集めたもので，積分は微分の逆になる

次に，積分について考えましょう．積分は微小な部分を寄せ集めることで微分の逆の操作を行います．積分を表すには積分記号 $\int$ が使われますが，この記号を使うと x は次のように表すことができます．

$$x = \int dx \tag{1.14}$$

また，式 (1.14) の dx を (dx/dt) と dt の積で表すと，x は次の式

$$x = \int \frac{dx}{dt} dt = \int v dt \tag{1.15}$$

となって，距離 x は速度 $v(= dx/dt)$ の時間 t による積分で表されることがわかります．距離 x を時間 t で微分したものは速度 v ですから，確かに積分は微分の逆になっています．

速度の場合と同様な考えに従うと，加速度 a は式 (1.3b) で示したように速度 v の時間 t に対する勾配ですから，加速度 a は速度 v の時間 t による微分になり，次の式で表されます．

$$a = \frac{dv}{dt} \tag{1.16a}$$

そして，速度 v は式 (1.13) に示したように距離 x の時間 t による微分ですから，加速度 a は速度 $v(= dx/dt)$ を微分して，次の式でも表すことができます．

$$a = \frac{d(dx/dt)}{dt} \tag{1.16b}$$

$$= \frac{d^2 x}{dt^2} \tag{1.16c}$$

なお，式 (1.16c) の右辺は 2 階微分とか，2 次微分とかと呼ばれ，d^2x/dt^2 は x を t で 2 階微分することを表す記号です．

また，速度を時間 t で微分したものは加速度だから，この逆の操作の加速度

a を時間 t で積分したものは速度 v になります．このことは積分の式を使って次のように表すことができます．

$$v = \int dv = \int \frac{dv}{dt} dt = \int a\, dt \tag{1.17}$$

▶微分と積分の暗記しておくべき簡単な公式

この本では式の表示や演算に微分と積分を使いますが，使うと言っても，x や x^2 を x で微分や積分するような簡単な演算や数式しか使いません．ここでは，それらを使うと微分や積分が簡単に演算できるようになる，数個のごく簡単な公式だけを示すことにします．そして，公式の使い方も例題を解くことを通して説明することにします．

いま，$f(x)$ が x の n 乗の関数だとしますと，$f(x)$ は次の式で表されます．

$$f(x) = x^n \tag{1.18}$$

この式を x で微分する公式は次のようになります．

$$\frac{df(x)}{dx} = nx^{n-1} \tag{1.19}$$

いま，関数 $f(x)$ を $f(x) = x^3$ として，公式 (1.19) を使ってこれを具体的に演算してみると

$$\frac{df(x)}{dt} = 3x^2$$

となります．

次に，少し高度になるかもしれませんが便利な公式を示しておきます．たとえば，関数 $f(x) = (x^2+1)^3$ の微分が簡単に演算できる公式です．すなわち，関数 $f(x) = (x^2+1)^3$ は $x^2+1 = X$ とおくと，$f(x) = X^3$ となるので，この関係を X の関数として $f(X)$ とすると，関数 $f(x) = (x^2+1)^3$ の微分には，次の公式が使えます．

$$\frac{df(x)}{dx} = \frac{df(X)}{dX} \cdot \frac{dX}{dx} \tag{1.20}$$

たとえば，関数 $f(x) = (x^2+1)^3$ の微分に $x^2+1 = X$ とおいてこの公式 (1.20) を適用すると，$df(X)/dX = 3X^2$ および $dX/dx = 2x$ だからこれらを式 (1.20) に代入して $df(x)/dx = 3(x^2+1)^2 \times 2x = 6x^5 + 12x^3 + 6x$ となりま

す．なお，この答えが正しいことは $(x^2+1)^3$ を展開して，公式 (1.19) を使って計算するとこれでよいことが確かめられます．

次に積分の公式ですが，この場合も関数 $f(x)$ として x^n を使うことにし，$f(x) = x^n$ を積分したものを $F(x)$ と書くことにすると，関数 $f(x)$ を積分する公式は次のようになります．

$$F(x) = \int f(x)\,\mathrm{d}x = \int x^n \mathrm{d}x = \frac{x^{n+1}}{n+1} + C \tag{1.21}$$

ここで，C は積分定数と呼ばれる定数です．また，この公式 (1.21) は $n = -1$ のとき，すなわち $f(x) = 1/x$ のときには，式 (1.21) において分母の $(n+1)$ の値が 0 になるので，この場合には公式 (1.21) は使えません．実は，$1/x$ の積分は $\log x$ になります．

具体的に関数 $f(x)$ を $f(x) = x$ として積分演算を実行すると，次の答えが得られます．

$$F(x) = \int f(x)\,\mathrm{d}x + C = \int x dx + C = \frac{1}{1+1} x^{1+1} + C = \frac{1}{2} x^2 + C$$

なお，関数 $f(x)$ の微分は簡単には $f'(x)$ と表示されますが，この微分の表記法を用いると $\mathrm{d}f(x)/\mathrm{d}x = f'(x)$ となります．今後は微分の表示として，この表示方法も使うことにします．

このほかに比較的簡単に微分や積分が可能な関数に，指数関数 e^x や三角関数があるのでこれについて触れておくと，指数関数 $f(x) = e^x$ は微分しても積分して元のままで変化しません．しかし，c を定数として指数関数が $f(x) = e^{cx}$ のときにはそうではありません．この関数の場合には $X = cx$ とおけばよいので，微分公式 (1.20) を使って，微分すると $f'(x) = ce^{cx}$ となります．三角関数の微分と積分の公式については補足 1.1 に示しておきます．

◆ **補足 1.1** 三角関数の微分と積分の公式 (θ による微分と積分)

ここで使う三角関数は θ (ギリシャ文字でシータとよむ) の関数で，$\sin\theta$ とか $\cos\theta$ です．また，公式は矢印 ($\rightarrow$) も使って次のように表すことにします．

$$\sin\theta \text{ の微分} \rightarrow \cos\theta, \quad \cos\theta \text{ の微分} \rightarrow -\sin\theta,$$
$$\sin\theta \text{ の積分} \rightarrow -\cos\theta, \quad \cos\theta \text{ の積分} \rightarrow \sin\theta$$

┃例題1.5┃ 次の関数を微分して下さい．

① x^3, ② x, ③ $1/x$, ④ e^x, ⑤ $(x+1)^3$

[解答] ①〜③は公式 (1.19) をそのまま使えばよいので，① $f'(x) = 3x^2$, ② $f'(x) = 1x^{1-1} = 1$, ③ $f'(x) = -1/x^2$ となります．また，④は元のままで変化しませんので $f'(x) = e^x$, ⑤は $x+1 = X$ とおいて，公式 (1.20) を使うと，$f'(x) = 3(x+1)^2 = 3x^2 + 6x + 3$ となります．■

┃例題1.6┃ 次の関数または数字を積分して下さい．なお，積分定数は省略してよろしい．

① x^2, ② 1, ③ $1/x^2$, ④ e^x, ⑤ $\cos x$

[解答] ①〜③は公式 (1.21) をそのまま使えばよいので，① $F(x) = x^3/3$, ② $F(x) = x$, ③ $F(x) = -1/x$ となります．④は元のままで変化しないので $F(x) = e^x$, ⑤は補足 1.1 を使って $F(x) = \sin x$ となります．■

1.7 重力質量と慣性質量

▶物体の質量は重さのことではない

物体の質量は単位が [kg] ですので，質量を物体の重さと勘違いしている人が意外と多いように思います．重さは重量のことでそのものの重力の大きさを表しています．たとえば，60[kg] の物体の重さは質量の 60[kg] に重力加速度 $g(= 9.8[\text{m/s}^2])$ を掛けて，$60[\text{kg}] \times 9.8[\text{m/s}^2] = 588[\text{kgm/s}^2]$ となります．物体の重さは kg 重とか kgw の単位を付けて，60 kg 重などとも言われます．

このために，同じ質量のものでも重力加速度の小さい月の上では，地球上の場合よりもものの重さは軽くなります．ですから，重力加速度が異なると質量は同じでも物体の重さは変わります．また，質量は物体の力学的な性質を決める量と言われています．質量に関してはこれらのことをしっかり理解しておくことが大切です．

実は質量には 2 種類あります．一つは重力質量で，もう一つは慣性質量と言います．重力質量は物体の重力の大きさ，つまり物体の重さから決められる質量です．厳密には物体の重力と国際キログラム原器の質量 (1 kg) と比べて決め

られる質量です.

一方，慣性質量は物体の加速されにくさ，すなわち慣性の大きさを表す量です．1.3 節において加速度 a について説明したとき，次の式 (1.1b)

$$a = \frac{F}{m} \tag{1.1b}$$

を使いました．この式を使って質量が加速されにくさを表していることを説明してみましょう．

式 (1.1b) からわかるように，加速度 a は質量 m の大きさに反比例しています．加速度が大きいということは急速に加速されることですから，加速度が大きいことはその物体が加速されやすいことを表しています．ですから，式 (1.1b) は質量の大きい物体ほど加速されにくいことを表しています．

一方，慣性という単語は物体がその動きや姿勢を維持しようとする (物体の) 性質のことです．つまり，慣性は物体の動きにくさを表す性質です．物体が動くためには，最初加速度が必要ですから，慣性は加速されにくさを表す物体の性質でもあるのです．簡単には，式 (1.1b) では加速度 a と質量 m は反比例の関係にありますから，質量 m は加速されやすさの逆の，加速されにくさを表すと考えればよいと思います．

力学では慣性質量は非常に重要な要素で，力学の演算で使われる質量はほとんどの場合が慣性質量を示しています．ですから，一般には質量は物体の慣性質量を表していると考えてよいと思います．

1.8 ニュートン力学の 3 原則

▶力学の 3 原則はニュートンの著書『プリンキピア』に発表された

ニュートンの発見した力学の 3 原則はニュートンの主著『プリンキピア』に最初に記述されました．自然哲学とは広義には自然科学，狭義には物理学を指しています．

したがって，以下に述べる力学の 3 原則をニュートンは物理学の原理であると考えていたと思われます．ニュートンによって創始された現代の力学 (古典力学) は，こののちニュートン力学と呼ばれていますので，ここでは力学の 3 原

則をニュートン力学の3原則としました．

さて，ニュートン力学の3原則ですが，これらは次の三つの法則から構成されています．

① 慣性の法則 (運動の第一法則とも呼ばれます),

② 運動方程式 (運動の第二法則),

そして

③ 作用・反作用の法則 (運動の第三法則)

まず，①の慣性の法則は，「物体はこれに力を加えない限り，現在もっている速度を保ち続けようとする」というものです．ですから，速度が0，つまり静止している物体は静止し続け，動いている物体はそのまま動き続ける性質を物体は持っているということです．

地球上の普通の環境下でちょっと考えますと，この慣性の法則は奇妙に思われます．というのは，静止していた物体がそのまま静止し続けることは納得できますが，動いているものもそのまま動き続けるというのは直ちには納得しかねるからです．

しかし，これは地球の普通の環境下では，物体には摩擦力が働いているためであって，慣性の法則が間違っているわけではありません．慣性の法則が正しいことが納得できる数学的証明はこのあと1.9節で行います．この法則は「数学的諸原理」に記されているので，数式で証明することは重要だと考えるからです．

次に，運動方程式は「物体に力が作用すると，加える力 F の方向に加速度が生じ，加速度 a の大きさは物体の質量 m に反比例する」というものです．この法則に従うと，すでに1.3節で出てきましたが，次の式が成り立つことを表しています．

$$F = ma \tag{1.1a}$$

この式は，加速度 a に距離 x の時間 t による2階微分を使いますと，式(1.16c)を使って，次の式で表されます．

$$F = m\frac{\mathrm{d}^2 x}{\mathrm{d}t^2} \tag{1.22}$$

最後に，作用・反作用の法則は，「物体に力 F が働くと，物体に働いた力 F と大きさが等しく，方向が逆 (方向) の力 $-F$ が物体に力を加えたものに働く」というものです．ですから，たとえばバットでボールを打つと，ボールはバットから力を受けますが，バットにも同じ大きさの力が働き，力の方向は逆方向だということです．この場合，力を加える方向の働きが作用で，この力に反発する方向の働きが反作用と呼ばれます．このために，この法則は作用・反作用の法則と呼ばれます．

┃例題1.7┃ いま，質量 50[kg] の物体に力 F として，$F = 30[\text{N}]$ の力を加えました．この物体に生じる加速度 a はいくらですか？

［解答］運動方程式は，$F = ma$ ですから，この式から加速度 a を求める式は $a = F/m$ となります．ここで，$1[\text{N}] = 1[\text{kgm/s}^2]$ の関係があるので，問題の加速度 a は次のように計算できます．

$$a = \frac{F}{m} = \frac{30[\text{kgm/s}^2]}{50[\text{kg}]} = 0.6[\text{m/s}^2]$$

したがって，求める加速度 a は $0.6[\text{m/s}^2]$ となります． ■

1.9 慣性の法則の運動方程式を使った謎解き

▶エネルギーを補給しないのに動き続けるとは！

慣性の法則は「力を加えない限り静止している物体は静止し続け，動いているものは動き続ける」というものです．「動いているものも動き続ける」といわれても，私たちの日常経験する常識では「やがて止まるだろう」と考えます．しかし，この慣性の法則は「動いているものはエネルギーを加えないでも永遠に動き続ける！」と主張しているのです．

この法則を聞いたほとんどの人は，最初は「そんなことが起こるのだろうか？」と半信半疑です．私も学生時代に最初に学んだときはそうでした．というのは「力学には慣性の法則があり，『動いているものは無限に動き続ける』」と教わるだけで，この法則が成り立つことの証明は教わらなかったからです．

このように一見成立しそうにないように思える法則を学生に教える場合には，

1.9 慣性の法則の運動方程式を使った謎解き

この法則が成り立つことの証明もきちんと教えるべきである！　というのが当時の若い私の感想でした．この思いは今も変わりませんので，この節ではこの法則が正しく成り立つことを数式的に確かめて，慣性の法則の謎解きをしておこうと思います．

このためにニュートン力学の法則に従って運動方程式を立ててこれを解き，慣性の法則の謎解きをすることにします．さて，力 F，加速度 a，質量 m の間には式 (1.1a) の関係式が成り立ちますので，式番号を変更して次の式を使うことにします．

$$F = ma \tag{1.23a}$$

加速度 a は，すでに示したように距離 x の時間 t による 2 階微分で表されるので，式 (1.23a) は次のように書き換えることができます．この式も式番号を変更して，次のようにすることにします．

$$F = m\frac{\mathrm{d}^2 x}{\mathrm{d}t^2} \tag{1.23b}$$

以上で下準備は終わったので，式 (1.23b) を変形して物体の速度 v を求める式を導きましょう．それには，式 (1.23b) を次のように変形します．

$$\frac{\mathrm{d}^2 x}{\mathrm{d}t^2} = \frac{F}{m} \tag{1.24}$$

そして，この式の両辺を時間 t で積分することを考えます．左辺の $\mathrm{d}^2 x/\mathrm{d}t^2$ は時間 t の 2 階微分です．積分は微分の逆ですから t の 2 階微分の $\mathrm{d}^2 x/\mathrm{d}t^2$ を時間 t で積分すると 1 階微分の $\mathrm{d}x/\mathrm{d}t$ になります．また，右辺は $(F/m)t$ を微分すると F/m ですから，これ (F/m) を積分すると $(F/m)t$ となります．

しかし，よく考えてみると，関数が $(F/m)t + 1$ とか $(F/m)t + 3$ ですと，これらを微分するとどちらの場合も同じ F/m になります．つまり，$(F/m)t$ に加わるものが定数であれば，すなわち，定数を C とすると C がどんな値の定数であっても，$(F/m)t + C$ は時間 t で微分すると F/m となります．したがって，式 (1.24) の両辺を時間 t で積分すると，一般式としては次の式が得られます．

$$\frac{\mathrm{d}x}{\mathrm{d}t} = \frac{F}{m}t + C \tag{1.25a}$$

この式 (1.25a) の左辺の $\mathrm{d}x/\mathrm{d}t$ は速度 v を表しますから，左辺を v とすると，

速度 v は結局，次の式で与えられます．

$$v = \frac{F}{m}t + C \tag{1.25b}$$

ここで，定数 C は一定の数ならばどんな値もとることができます．実は積分においてこの定数が出てくることが慣性の法則の謎を解く鍵になるのです．

以上で速度 v を表す式が得られたので，式 (1.25b) を使って慣性の法則について考えてみましょう．物体が最初静止している場合には，$t=0$ のときの速度は，つまり初速度を v_0 とすると $v_0 = 0$ となります．この条件で式 (1.25b) に $t=0$ を代入すると，$0 = C$ となって，定数 C は 0 と決まります．ですから，最初，静止していた物体が動き出したときの，時間 t における物体の速度 v は，次の式で与えられます．

$$v = \frac{F}{m}t \tag{1.26a}$$

次に，物体が最初動いている場合には，最初の速度を v_a とすると，この場合の式 (1.25b) における初速度は v_a となるので，この条件で $t=0$ を代入すると，$v_a = C$ となって，定数 C は v_a と決まります．ですから，最初物体が速度 v_a で動いていた場合の，時間 t における物体の速度 v を表す式は，次の式で与えられることがわかります．

$$v = \frac{F}{m}t + v_a \tag{1.26b}$$

以上で物体が最初静止していた場合と動いていた場合の時間 t における物体の速度 v の式が決まりましたので，物体に力が働かない場合の物体の速度を考えて，慣性の法則の証明の仕上げに入りましょう．

物体に力 F を加えないときには，$F=0$ を式 (1.26a,b) に代入すればよいので，これを実行すると，物体が最初静止している場合には，時間 t における速度 v は，式 (1.26a) を使って次のようになります．

$$v = 0 \tag{1.27a}$$

時間 t は任意の時間 t と考えてよいので，最初物体が静止している場合は物体に力 F を加えない限り，任意の時間 t において物体の速度 v は 0 ですから，物体は常に静止していることを意味しています．

また，物体が速度 v_a で最初動いていた場合には，物体に力 F を加えないときには $F = 0$ を式 (1.26b) に代入して，時間 t における速度 v は次のようになります．

$$v = v_a \tag{1.27b}$$

ですから，最初，速度 v_a で運動している物体も，同様に任意の時間 t では速度は v_a になります．このことは，物体が常に v_a の速度で運動していることを示しています．

だから，物体が最初 v_a の速度で運動している場合には，物体は v_a の速度でいつまでも運動を続けることになります．もしも最初 v_a の速度が $10[\mathrm{m/s}]$ であれば，物体は $10[\mathrm{m/s}]$ の速度で永遠に運動し続けることを意味しています．以上でめでたく慣性の法則の数式による証明が終わりました．

地上の普通の環境下では慣性の法則の一部が成り立たないようにみえます．この慣性の法則の成立を妨げている原因について述べておかなくてはなりません．それは摩擦力です．上に述べた慣性の法則の証明においても摩擦力は一切考慮しませんでした．

摩擦力が存在しますと慣性の法則の半分，つまり，「力を加えない限り，最初動いていた物体は動き続ける」という部分は成り立ちません．しかし，摩擦力の存在しない宇宙空間では，慣性の法則はすべてが現実にも正しく成り立っています．

1.10 質点の力学について

▶物理学の基礎力学は質点の力学

物理学の基礎として学ぶ力学は質点の力学と呼ばれるものです．この本においても，後の節で剛体の力学について少しだけ触れますが，内容の大部分は質点の力学ですから，ここで質点の力学について簡単に説明しておきます．

まず，力学において使われる質点の定義から始めましょう．質点は物体の形状や大きさを無視して，物体の質量が 1 点に集中したと仮定したときの点のことです．そして，質点の力学とは，物体を質点と見なして，物体の位置や物体

の運動を論ずる力学のことです．

　地球のように質量が大きいものであっても，地球の内部の構造を問題としない場合，たとえば，地球の軌道運動を惑星の運動の一つとして扱うような場合には地球を一つの質点と見なすことができます．しかし，原子のように小さいものであっても，内部の構造が問題になるような場合には，これを質点として取り扱うことはできません．

　この本で取り扱う物体の運動は物体の内部構造を問題にしないので，ニュートンの力学の3原則を基礎とした質点の力学を使って記述したり，演習問題を解いたりすることができるのです．なお，基本は質点の力学でも，相互に力を及ぼし合うような複数の質点の運動を取り扱う力学は質点系の力学と呼ばれています．

演 習 問 題

1.1 ガリレイは，ある高さから坂道を坂の下まで落下した物体は，摩擦力がなければ，同じ高さの場所まで登ると考えたという．たとえば，本文の図 1.2 において AB の坂道と BF の坂道は傾きがずいぶん違うが，物体は F′ 点まで戻ると考えたという．坂道の傾きが違うと登る高さが異なってくるようにも感じるが，ガリレイはなぜ同じ高さの位置まで戻ると考えたのだろうか？　想像して答えよ．

1.2 質量が 10[kg] の物体に 50[N] の力を加えた．このとき物体に生じる加速度はいくらか？

1.3 質量 m が 80[kg] の物体にある力 F を加えたところ，$2.2[\mathrm{m/s^2}]$ の加速度 a が得られた．ある力 F の大きさはいくらか？

1.4 ある物体に 10[N] の力 F を加えたところ，$5[\mathrm{m/s^2}]$ の加速度 a が生じた．このときの物体の質量 m はいくらになるか？

1.5 体重が 60[kg] の人がいるという．この人の重さはいくらか？

1.6 次の関数 $f(x)$ を x で微分せよ．(a) $f(x) = x^2 + 1$，(b) $f(x) = x + 1/x$，(c) $f(x) = \sin x + e^{2x}$

1.7 次の関数を積分せよ．ただし，積分定数は省略して答えよ．
　　(a) $f(x) = 2x + 1$，(b) $f(x) = 1 - 1/x^2$，(c) $f(x) = 1 + e^{3x}$

1.8 ある物体が $20[\mathrm{m/s^2}]$ の加速度 a を持つために 50[N] の力 F が必要だった．この物体の質量 m はいくらか？　また，この質量は慣性質量か重力質量か？

1.9 地球上のあるところに $1000[\mathrm{kgm/s^2}]$ の重さの人がいた．この人の重力質量は

いくらになるか？ ただし，重力加速度は $9.8[\mathrm{m/s^2}]$ とする．

1.10 加速度 a が $10[\mathrm{m/s^2}]$ の速度 v で進んでいる二つの運動がある．一方は初速度 v_0 が $0[\mathrm{m/s}]$ で，他方は初速度 v_0 が $20[\mathrm{m/s}]$ である．これらの二つの運動の出発してから10秒後の速度 v を求めよ．

Chapter 2

ベクトルの物理とそのやさしい基礎

物理量にはいろいろな成分を備えた 3 次元の量があります．たとえば，速度であれば前後，左右，上下という 3 種類の方向成分があります．3 次元の物理量を表す便利な道具にベクトルがありますので，この章ではこれ以降の内容を理解しやすくするために，ベクトルについての物理とそのやさしい基礎を説明しておきます．この後の章においてもほとんどは 1 次元の x 成分だけを使う場合が多いのですが，その場合でもベクトルの知識を持っていることは物理量の理解に有益ですし，少し高度な問題を扱う場合にはベクトルの知識はより一層有益になります．

2.1 物理量とベクトルとスカラー

▶物理量にはいろいろ成分がある

私たちの身の回りの物体は本来いろいろな量を備えています．たとえば，電気の配線に使う銅線は，表 2.1 に示すように，長さ，重さ，抵抗などの量を備えています．いま，これらを一括して縦に並べ，両辺に括弧を付けて示すと，次のようになります．

$$\begin{pmatrix} 10[\text{m}] \\ 75[\text{g}] \\ 0.2[\Omega] \end{pmatrix} \text{ または } \begin{pmatrix} 10 \\ 75 \\ 0.2 \end{pmatrix} \tag{2.1}$$

式 (2.1) の左の表示では各数字に単位を付し，右の表示には単位を除いて示しました．ですから，銅線について述べるときに長さの 10[m] だけを示すのは，銅線のある量しか述べていないので，銅線の全体の姿は見えてきません．

また，力学の基礎として重要な物理量に速度がありますが，1 章では速度 v

表 2.1 銅線のいろいろな量とそれらの値

量	数値
長さ	10 [m]
重さ	75 [g]
抵抗	0.2 [Ω]

2.1 物理量とベクトルとスカラー

として大きさの成分のみを示しました．しかし，ある物体の速度 v として大きさだけを $100[\mathrm{m/s}]$ と示されても，この物体がどちらを向いて進んでいるのかわかりません．速度は本来大きさのほかに方向の成分を持っているからです．

いま，前後の方向を x 方向，左右の方向を y 方向，上下の方向を z 方向にとって，それぞれ，前，右，上をプラス方向にとると，速度 v の x, y, z の方向成分の v_x, v_y, v_z がわかれば，物体がどの方向にいくらの大きさで進んでいるかがわかります．

表 2.2　速度 v の x, y, z 成分の v_x, v_y, v_z

量	数値
v_x （前後）	3[m]
v_y （左右）	2[m]
v_z （上下）	1[m]

速度 v の x, y, z の方向成分のそれぞれ，v_x, v_y, v_z の値が，表 2.2 に示すように決まっている場合には，この速度 v の大きさと方向も，式 (2.1) と同じような括弧つきの数の並びで，次のように表すことができます．

$$\begin{pmatrix} 3[\mathrm{m}] \\ 2[\mathrm{m}] \\ 1[\mathrm{m}] \end{pmatrix} \text{または} \begin{pmatrix} 3 \\ 2 \\ 1 \end{pmatrix} \tag{2.2}$$

表 2.2 とか，式 (2.2) から判断すると，この物体の進んでいる方向と速さがわかります．すなわち，この物体は少し上向きで前よりの前方右方向に進んでいることがわかります．速度の値は，各成分の 2 乗の和の平方根になるので，$\sqrt{3^2 + 2^2 + 1^2}[\mathrm{m/s}]$ となり，速度は $3.74[\mathrm{m/s}]$ とわかります．

▶ベクトル量のほかにスカラー量がある

以上に簡単な例で示しましたように，物理量は 3 次元の量で表されるものです．しかし，1 章では x 方向の 1 次元の物理量のみを使って速度などを説明しました．速度は本来 x, y, z の三つの成分を持つ 3 次元の量ですから，物理量を x 方向の成分だけを使って扱うのは変則的です．

しかしながら，本書ではこれ以降も，3 次元を使った方が説明しやすい場合以外は，基本的には 1 次元の物理量を使って説明する方針をとります．その理由は，物理量を本格的に 3 次元で扱うには，全面的にベクトルを使う必要が出

てきますが，これを実行すると初学者にとっては難解になってしまって，内容が理解しにくいものになってしまうからです．

物理量には速度のほかにも本来3次元のものはたくさんあります．これについてはこの後述べますが，その前に物理量にはベクトル(量)のほかに，スカラー(量)もあることを先に説明しておきます．ベクトルは大きさと方向を表す量で，スカラーは大きさのみを表す量であると定義されています．

たとえば，物体の質量は10[kg]などと大きさのみが表されて，誰もが知っているように，質量には方向はないので，これはスカラー(量)です．質量のほかに力学でよく使われるスカラー(量)には時間tや体積Vなどがあります．

ベクトルには速度vのほかに，1章でも出てきた力Fや加速度aがあります．たとえば，力は前に押すか，後ろへ引くかで全く意味が異なりますので，ベクトルは力Fを表すには極めて有効です．また，加速度aも方向成分を表示することが非常に重要です．と言いますのは，加速度aの方向がプラス(前)方向なら加速ですし，マイナス(後)方向ならば減速されるので，加速度の場合にも方向が異なると意味も変わってきます．

2.2 多次元量をベクトルで表すさまざまな方法

▶ベクトルを表す記号

まず，ベクトルを表すには次に示す記号が使われますが，この記号はベクトル記号と呼ばれます．ベクトル記号には次のようなものがあります．

$$\boldsymbol{A},\ \boldsymbol{B},\ \vec{A},\ \vec{B},\ \boldsymbol{a},\ \boldsymbol{b} \tag{2.3}$$

この本ではアルファベット文字の上に矢印を付けた記号ではなしに，太字で書いたアルファベットの大文字と小文字の$\boldsymbol{A},\boldsymbol{B},\boldsymbol{a},\boldsymbol{b}$などを使うことにします．

また，2.1節での説明ですでにわかっていると思いますが，たとえばベクトルの記号$\boldsymbol{v}$の右下に付けた小さい添え字はベクトルの方向成分を表しています．ですから，v_xは$\boldsymbol{v}$のx軸方向の成分を表しています．

ベクトルのx,y,z成分については，これらを直交座標で表す場合，直交座標軸とのなす角度がx軸，y軸，z軸の各軸に対して，α,β,γの場合にはベクト

ルの x, y, z 成分は，ベクトルを $\boldsymbol{A}$ としますと，次のように表されます．

$$A_x = |\boldsymbol{A}|\cos\alpha, \quad A_y = |\boldsymbol{A}|\cos\beta, \quad A_z = |\boldsymbol{A}|\cos\gamma \tag{2.4}$$

したがって，速度 $\boldsymbol{v}$ の x, y, z 成分は次のように表されます．

$$v_x = |\boldsymbol{v}|\cos\alpha, \quad v_y = |\boldsymbol{v}|\cos\beta, \quad v_z = |\boldsymbol{v}|\cos\gamma \tag{2.5}$$

3次元の量の表示に数値を縦に並べる方法として使った式 (2.2) のように，x, y, z 軸成分を使ってベクトルの成分を表す場合が多いのですが，より一般的には次の式のように

$$\begin{pmatrix} a_1 \\ a_2 \\ \vdots \\ a_i \end{pmatrix} \tag{2.6}$$

と数字の添え字を付けて，多数のベクトル成分が表される場合もあります．というのは，ベクトル成分は x, y, z 成分には限りませんし，成分の数も 3 個以上の場合もあります．

▶数の並びをベクトルとみなす

2次元以上の多次元量を，ベクトルを使って表すにはいくつかの方法があります．一つは式 (2.1) や式 (2.2) に示したような，数値を縦に並べてこれにカッコを付けたもので表す方法です．この数値を縦に並べたものもベクトルと呼ぶ人もありますが，少なくともこれはベクトルの各成分を表すものです．この本では都合がよいので，数値を縦に並べてカッコを付けたもの (学術的には 2.5 節で述べるように，これは行列と呼ばれる) もベクトルと呼ぶことにします．

▶ベクトルを矢線の図で表す

ベクトルには 1 次元のベクトル，2 次元のベクトル，3 次元のベクトルがありますが (もちろん多次元のベクトルもあります)，これらはそれぞれ，図 2.1，図 2.2，および図 2.3 に示すように図に描いて表すこともできます．各図 2.1，図 2.2，図 2.3 においては，ベクトルは $\boldsymbol{A}$ で表し，ベクトルの始点を O，終点を P で表しました．また，ベクトルの方向は矢印 → で表しました．

また，これらの 1 次元のベクトル，2 次元のベクトル，3 次元のベクトルを表す座標には直交座標を使い，1 次元のベクトルの場合は x 軸のみ，2 次元のべ

図 2.1 1 次元のベクトル

図 2.2 2 次元のベクトル

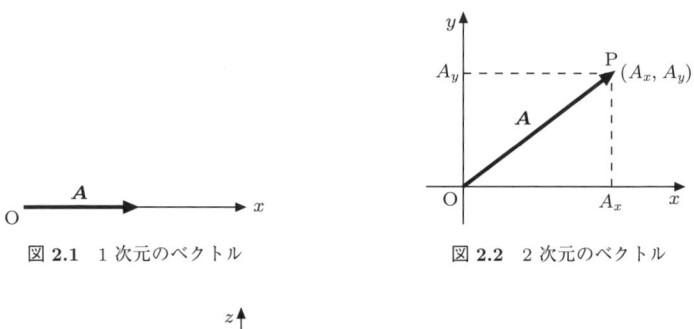

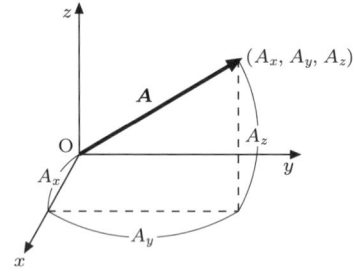

図 2.3 3 次元のベクトル

クトルの場合は x 軸と y 軸を，3 次元のベクトルの場合には，x, y, z 軸を持つとしました．ですから，これらのベクトルの終点の座標は，各図に示したように 1 次元ベクトルの場合は (A_x)，2 次元ベクトルの場合は (A_x, A_y)，3 次元ベクトルのときは (A_x, A_y, A_z) となります．

そして，各成分 A_x, A_y, A_z の値はベクトルの絶対値を使って次のように表されます．1 次元の場合には，x 成分のみになりますので

$$A_x = |\boldsymbol{A}| \tag{2.7a}$$

2 次元の場合には，x 成分と y 成分は次のように表されます．

$$A_x = |\boldsymbol{A}|\cos\alpha, \quad A_y = |\boldsymbol{A}|\sin\alpha \tag{2.7b}$$

3 次元の場合には，x 成分，y 成分，z 成分がありますので次のようになります．

$$A_x = |\boldsymbol{A}|\sin\theta\cos\phi, \quad A_y = |\boldsymbol{A}|\sin\theta\sin\phi, \quad A_z = |\boldsymbol{A}|\cos\theta \tag{2.7c}$$

ここで α は 2 次元ベクトルの x 軸となす角度です．また，θ と ϕ は，3 次元ベクトルの，それぞれ z 軸とのなす角度，および x-y 平面における x 軸とのなす

角度です.

なお，図 2.1，図 2.2，および図 2.3 に示した 1 次元，2 次元および 3 次元のベクトルを，数値や文字の縦の並びを使って表すと，それぞれ次のようになります.

$$(A_x), \quad \begin{pmatrix} A_x \\ A_y \end{pmatrix}, \quad \begin{pmatrix} A_x \\ A_y \\ A_z \end{pmatrix} \tag{2.8}$$

2.3 ベクトルの和と差の演算

2.3.1 数の並びの表示を使う場合

まず，銅線の物理量を表すために使った数の縦の並びの式 (2.1) を使って足し算の演算をしてみましょう．いま，式 (2.1) に示した銅線 (これを第 1 の銅線とする) のほかに，次の式で各成分量が表される第 2 の銅線があったとしましょう．

$$\begin{pmatrix} 5[\mathrm{m}] \\ 80[\mathrm{g}] \\ 0.4[\Omega] \end{pmatrix} \tag{2.9}$$

次に，式 (2.1) と式 (2.9) で表される 2 本の銅線の成分を加えますが，単位を省略して数値だけ使って加えることにすると，次のように演算できます.

$$\begin{pmatrix} 10 \\ 75 \\ 0.2 \end{pmatrix} + \begin{pmatrix} 5 \\ 20 \\ 0.4 \end{pmatrix} = \begin{pmatrix} 15 \\ 95 \\ 0.6 \end{pmatrix} \tag{2.10}$$

これらの数字の縦並びの式では，1 段目には銅線の長さ，2 段目には重さ，3 段目には抵抗を示す各値が並んでいます．したがって，式 (2.1) と式 (2.9) を加える場合には，同じ段に並んだ数値同士を加えなければなりません．各数字に単位が付いていなくても，1 段目，2 段目，3 段目の数値は，それぞれ長さ，重さ，および抵抗を表すことを認識していなくてはなりません.

次に，二つのベクトルの足し算と引き算を二つの速度を使って試みてみましょう．いま，式 (2.2) で表される速度 $\boldsymbol{v}$ を $\boldsymbol{v}_1$ とし，速度 $\boldsymbol{v}_2$ は次の数値の縦並びで表されるとしましょう.

$$\begin{pmatrix} 1 \\ 4 \\ -2 \end{pmatrix} \tag{2.11}$$

式 (2.2) と式 (2.11) で表される二つの速度 (ベクトル) v_1 と v_2 を加えると，次のようになります．

$$\begin{pmatrix} 3 \\ 2 \\ 1 \end{pmatrix} + \begin{pmatrix} 1 \\ 4 \\ -2 \end{pmatrix} = \begin{pmatrix} 4 \\ 6 \\ -1 \end{pmatrix} \tag{2.12}$$

得られた速度を v_3 とすると，得られた速度 v_3 の方向は下向きの斜め右前方向になります．また，大きさは速度の各成分の数値を二乗して平方根をとると，$\sqrt{4^2 + 6^2 + 1^2} = 7.28$ となるので，速度 v_3 の大きさは 7.28[m/s] となることがわかります．

次に，速度 v_1 から速度 v_2 を引く引き算の演算を実行すると，次のようになります．

$$\begin{pmatrix} 3 \\ 2 \\ 1 \end{pmatrix} - \begin{pmatrix} 1 \\ 4 \\ -2 \end{pmatrix} = \begin{pmatrix} 2 \\ -2 \\ 3 \end{pmatrix} \tag{2.13}$$

この場合に得られた速度の方向は上向きの斜め左前方向で，速度の大きさは同様に演算して $\sqrt{2^2 + 2^2 + 3^2} = 4.12$ となるので，この場合の速度の大きさは 4.12[m/s] となります．

2.3.2 ベクトル記号を使う場合

この場合も速度を使い，二つの速度を前の 2.3.1 項で使った v_1 と v_2 とすると，この二つの速度の v_1 と v_2 の足し算は，形式上は普通の数字の場合と同じように，$v_1 + v_2$ となります．しかし，この v_1 と v_2 はベクトルなので，$v_1 + v_2$ の式を見ただけでは二つのベクトルを加えた答えの意味がわかりかねます．

ベクトルの足し算や引き算の演算の場合には，ベクトルの成分を使ってこれらを演算して，答えのベクトルの各ベクトル成分がわかれば，答えの内容がよくわかるようになります．したがって，速度 v_1 と速度 v_2 の足し算の場合にも，答えの速度を v_3 として，速度 v_3 の x, y, z 方向のベクトル成分を，次の

ように演算して求める必要があります．

$$
\begin{aligned}
v_{3x} &= v_{1x} + v_{2x} = 3 + 1 = 4 \\
v_{3y} &= v_{1y} + v_{2y} = 2 + 4 = 6 \\
v_{3z} &= v_{1z} + v_{2z} = 1 + (-2) = -1
\end{aligned}
\tag{2.14}
$$

すると，速度の各成分の v_x, v_y および v_z の値が式 (2.14) に示すように得られます．この結果は，式 (2.12) に示した，数値の縦並びを使って演算した結果と同じなので，答えの物理的な意味は説明するまでもないと思います．

また，速度 v_1 から速度 v_2 を引き算した場合は，引き算した答えの速度を v_4 として，速度 v_4 のベクトルの x, y, z 成分を，次のように演算して求める必要があります．

$$
\begin{aligned}
v_{4x} &= v_{1x} - v_{2x} = 3 - 1 = 2 \\
v_{4y} &= v_{1y} - v_{2y} = 2 - 4 = -2 \\
v_{4z} &= v_{1z} - v_{2z} = 1 - (-2) = 3
\end{aligned}
\tag{2.15}
$$

式 (2.15) で表される速度 v_1 から速度 v_2 を引き算した場合の結果も，足し算の場合と同じく式 (2.13) に示した結果と同じになります．今回のベクトル記号を使った計算でも，数値の並びを使った計算でも，共にベクトルの x, y, z 成分を演算しているのですから，同じ計算結果が得られるのは当然と言えば当然のことです．

なお，ベクトルの足し算と引き算の計算方法，すなわちベクトルの加減の演算方法は，通常ベクトルの加法と呼ばれます．ベクトルの加法では引き算は，数値やこれを表す記号の前にマイナス符号を付けて加える方法がとられます．ですから，ベクトル A からベクトル B の引き算は，$A + (-B)$ となります．次の，2.3.3 項からはベクトルの演算について述べるときにこのベクトルの加法の表現を使うことにします．

2.3.3 ベクトルを表す矢線の図を使う場合

▶1次元ベクトルの加法では線の長さの和

ベクトルが矢線の図を使って表されることは図 2.1〜図 2.3 に示しましたが，この矢線を使ってベクトルの加減の演算を行うことができます．まず，1 次元ベクトルの場合の加法では，二つのベクトルの符号が同じ正符号ならば，これらのベクトルを A_1, A_2 としますと，図 2.4(a) に示すように，ベクトル A_1 とベクトル A_2 の和は二つのベクトル A_1, A_2 の長さを矢印方向に加えます．

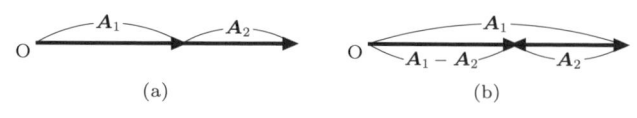

図 2.4 1 次元のベクトル和

もしも，二つのベクトルの中の一方のベクトル A_1 が正符号で，他方の A_2 が負符号の場合には，$A_1 + |-A_2| = A_1 - A_2$ となりますので，図 2.4(b) に示すようにベクトルの大きさは二つのベクトルの絶対値の差になり，ベクトルの方向は，二つのベクトルの中で，大きい方のベクトルの方向と同じになります．

▶2次元ベクトルの場合には平行四辺形の対角線

次に，2 次元ベクトルの場合の加法に進みましょう．いま，二つのベクトルを A, B として，A, B の x 成分と y 成分が次のように表されるとしましょう．

$$A_x = a_1, \quad A_y = a_2, \quad B_x = b_1, \quad B_y = b_2 \tag{2.16}$$

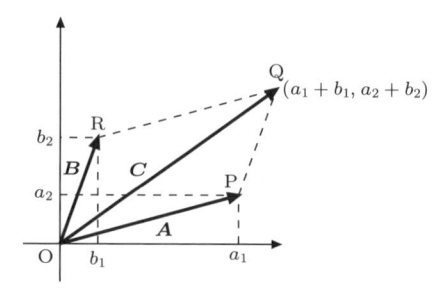

図 2.5 2 次元のベクトル和または合成

そして，図 2.5 に示す x-y 座標にベクトル A とベクトル B を描くと，原点 O を起点とする 2 本の矢印の付いた直線によって A と B のベクトルを表すことができます．ベクトル A の終点 P の座標は，ベクトル A の x, y 成分が a_1 と a_2 ですので，(a_1, a_2) となります．また，ベクトル B の終点 R の座標は，x, y 成分が b_1 と b_2 なので，(b_1, b_2) となります．

この図 2.5 において，RQ の長さを $|A|$ とし，PQ の長さを $|B|$ として，点 Q と二つの点 R と点 P との間隔を破線で結び，さらにこれらの点と原点 O を結ぶと，図 2.5 に示すように，2 本の破線と 2 本のベクトル A, B を表す実線とで平行四辺形ができます．そして，点 Q の座標は，x 成分が $a_1 + b_1$，y 成分が $a_2 + b_2$ となるので，$(a_1 + b_1, a_2 + b_2)$ となります．

ここで，OQ を結ぶ線をベクトル C としますと，ベクトル C の x 成分 C_x と，y 成分 C_y はそれぞれ，$a_1 + b_1$ と $a_2 + b_2$ になり，簡単な計算でわかるように，ベクトル $A + B$ の x 成分と y 成分の値と同じになります．したがって，ベクトル A にベクトル B を加えたものはベクトル C になり，平行四辺形 ORQP の対角線 OQ で表されることがわかります．このベクトル A, B と対角線で表されるベクトル C の間に成り立つこの関係は，平行四辺形の法則と呼ばれることもあります．

▶**3 次元の場合も平行四辺形の対角線**

3 次元ベクトルの加法も 2 次元ベクトルの場合と同じように行えます．すなわち，図 2.6 に示すように，2 個のベクトル A と B の和 $A + B$ は 2 次元ベ

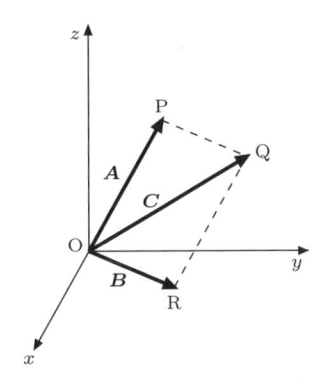

図 2.6 3 次元のベクトル和または合成

クトルの場合と同じように平行四辺形 OPQR の対角線 OQ で表され，和のベクトルの大きさは OQ で，和のベクトルの方向は原点 O から点 Q に向かう方向になります．

ここで，ベクトルの和の説明の最後に，懸案のベクトルの和の大きさを求める計算方法について簡単に説明しておきましょう．図 2.5 において，OQ で表されるベクトル C の x 成分と，y 成分から点 Q の座標は (a_1+b_1, a_2+b_2) と求められています．

x 座標の値が (a_1+b_1) で y 座標の値が (a_2+b_2) ですから，OQ の長さで表されるベクトル C の大きさは，ピタゴラスの定理を使って，$(\text{OQ の長さ})^2 = (a_1+b_1)^2 + (a_2+b_2)^2$ となるので，次の式で与えられます．

$$|C|(\text{OQ の長さ}) = \sqrt{(a_1+b_1)^2 + (a_2+b_2)^2} \qquad (2.17)$$

2.4 ベクトルの合成と分解

▶ベクトルの合成はベクトルの和

ベクトルの演算ではしばしばベクトルの合成という言葉が聞かれますが，このベクトルの合成とはベクトルを加えることです．ですから，ベクトルの合成はすでに説明したことになるのですが，ここではベクトルの合成の物理的な意味を説明する立場から少し追加しておきます．

ベクトルの合成では，速度(ベクトル)の合成とか，力(ベクトル)の合成がよく行われますが，ここでは力のベクトルの合成について考えてみましょう．力のベクトルを記号 F で表し，二つの力のベクトルを F_1 と F_2 を仮定して，この二つのベクトル F_1 と F_2 の合成を考えることにします．

ベクトルの合成を説明するには図を使うのが便利ですので，図 2.7 を使って説明します．いま，図 2.7(a) に太実線で示すようなベクトル F_1 と F_2 があるとしましょう．この二つのベクトル F_1 と F_2 を合成するには，まず，ベクトル F_1 を点 O を始点，点 P を終点として図 2.7(b) に示すように描きます．次に，ベクトル F_2 をベクトル F_1 の終点の点 P を始点とし，点 Q を終点として図 2.7(b) に示すように描きます．

2.4 ベクトルの合成と分解　　　39

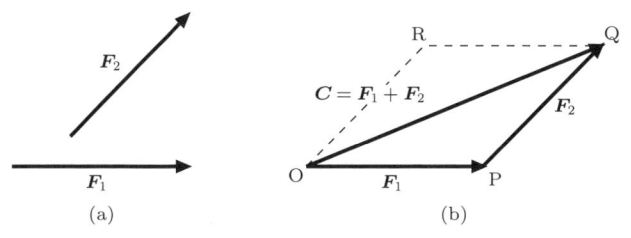

図 2.7 (a) 二つの 2 次元ベクトル F_1 と F_2, (b) 2 次元ベクトルの合成

そして，図 2.7(b) に示すようにベクトル F_1 の始点の点 O とベクトル F_2 の終点の点 Q を結んで，この直線をベクトル C としますと，この直線 C がベクトル F_1 とベクトル F_2 を合成したベクトルになります．もちろん，ベクトル C は二つのベクトル F_1 と F_2 を加えたものに等しく，$C = F_1 + F_2$ の関係が成立します．

ここで，重要な注意事項を追加しておきます．というのは，二つのベクトルを加えるときには，これらのベクトルは大きさも，方向も元のままのものを使わなければならないということです．このことは，図 2.7(a) と (b) でベクトル F_1 とベクトル F_2 の方向が，これらのベクトルの大きさを示す長さと共に，全く同じように描かれていることからわかると思います．

また，図 2.7(b) において線分 OQ (ベクトル C) に対して点 P と反対側に点 R を設け，OR と PQ および RQ と OP を等しくとると，四角形 ORQP は平行四辺形になり，OQ は平行四角形 ORQP の対角線になります．ですから，当然のことですが，図 2.5 に示した平行四辺形の法則はベクトルの合成に対しても成り立ちます．

▶ベクトルの分解はベクトルの合成の逆

ベクトルの合成と逆のものにベクトルの分解があります．ですから，ベクトルの分解は一つのベクトルが二つのベクトルの和になるように，一つのベクトルを二つに分けることを意味します．

ベクトルの分解では一つのベクトルが直交座標の x 成分と y 成分に分けられる場合が重要ですので，ここではこの場合のベクトルの分解について説明することにします．いま，ベクトル A があるとして，ベクトル A の始点を x-y 座標の原点 O にとり，終点を点 P として，図 2.8 に示すように描かれるものと仮

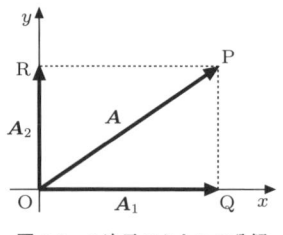

図 2.8　2 次元ベクトルの分解

定しましょう．

　図 2.8 に示すベクトル A を x 成分と y 成分に分解するには，点 P から y 軸に平行に x 軸まで点線を下し，x 軸との交点を Q とします．また，点 P から x 軸に平行に y 軸まで点線を伸ばし，y 軸との交点を R とします．すると，図 2.8 において，A_1 で表される OQ の長さはベクトル A の x 成分のベクトル A_x となり，A_2 で表される OR はベクトル A の y 成分を表すベクトル A_y となります．

　また，四辺形 PQOR は平行四辺形になっていますから，ベクトル A は平行四辺形の対角線になります．するとベクトル A は OP で表されるので平行四辺形の法則から，ベクトル A_x とベクトル A_y の和はベクトル A と等しくなり，$A_x + A_x = A$ の関係が成り立つことがわかります．以上の結果，ベクトル A が，ベクトル A の x 成分を表すベクトル A_x とベクトル A の y 成分を表す A_y に正しく分解できていることがわかります．

2.5　数の並びで作られる行列

　行列は数とか数を表す文字を縦横の矩形に並べて，数の並びの両側に角括弧 [ ] を付けたものです．行列の形は縦の列と横の行が同じ数だけである正方形とは限りません．どちらかの方が多い長方形の場合もありますし，このあとで説明しますように，縦 1 列に数を並べた縦長の行列や横 1 行に並べた横長の行列もあります．

　行列では，行数を m で表し，列数を n で表して，この行列を (m, n) 行列と呼びます．そして，この行列は行数が m 個で，列数は n 個であることを表して

2.6 ベクトルと行列は親類関係

$$
\begin{array}{c}
\text{第1列 第2列 } \cdots \text{ 第}n\text{列} \\
\downarrow \quad \downarrow \qquad \downarrow
\end{array}
$$

第 1 行 →
第 2 行 →
⋮
第 m 行 →
$$
\begin{bmatrix}
a_{11} & a_{12} & \cdots & a_{1n} \\
a_{21} & a_{22} & \cdots & a_{2n} \\
\vdots & \vdots & \ddots & \vdots \\
a_{m1} & a_{m2} & \cdots & a_{mn}
\end{bmatrix}
$$
(a)

第 j 列
↓

第 i 行 → $\begin{bmatrix} \vdots \\ \cdots \ a_{ij} \ \cdots \\ \vdots \end{bmatrix}$

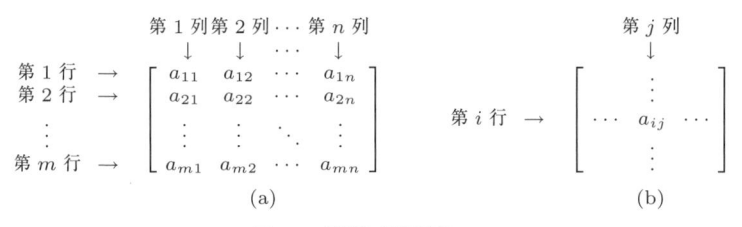

(b)

図 2.9　行列と行列要素 a_{ij}

います．(m, n) 行列の一般的な構成は図 2.9(a) に示すようになります．また，行列を構成する縦と横に並んだ個々の数字は行列要素と呼ばれます．行列要素の一般的な表示は a_{ij} となりますが，a_{ij} の意味は図 2.9(b) に示すとおりです．

実は，2.1 節において式 (2.1) や式 (2.2) に示した「数を縦に並べたもの」は行列を表しています．ですから，この行列は縦長の 1 列の数で構成される行列ということになります．また，式 (2.1) や式 (2.2) の場合には，縦並びの数の両側に付ける括弧に丸括弧の (　) を使いましたが，この丸括弧 (　) も行列の表示にはよく使われます．ただ，本書では行列の括弧には，区別をはっきりさせるために角括弧の [　] の方を使うことにします．

2.6 ベクトルと行列は親類関係

2.6.1 ベクトル記号を使った 3 次元ベクトルの表示方法

図を使ったベクトルの表示方法の説明では，3 次元のベクトルも扱いました．しかし，ベクトル記号を使って表す方法はまだ説明していませんので，少し新しい概念も入りますが，ここでベクトル記号を使った 3 次元ベクトルの表示方法を見ておきましょう．

3 次元ベクトルをベクトル記号で表すには，単位ベクトルというものを使う必要があります．単位ベクトルを表す記号には i, j, k などが使われます．この単位ベクトルの記号 i, j, k はベクトル (量) を表しますから大きさと方向を持っていますが，大きさはすべて 1 で，方向は i, j, k はそれぞれ x 軸，y 軸，および z 軸方向を向いています．ですから，図に描くと，図 2.10 に示すようになります．

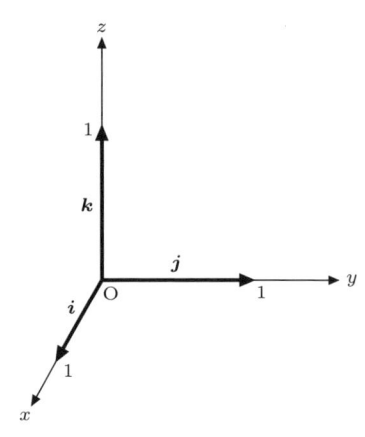

図 2.10 単位ベクトル i, j, k

単位ベクトル i, j, k を使うと，ベクトル A は次のように表されます．

$$A = A_x i + A_y j + A_z k \tag{2.18}$$

ここで，A_x, A_y, A_z はベクトル A の x, y, z 成分です．また，ベクトル A の値の絶対値は，x 方向，y 方向，および z 方向の成分の値が，それぞれ A_x, A_y, A_z になりますからピタゴラスの定理を使って，次の式で表されます．

$$|A| = \sqrt{A_x^2 + A_y^2 + A_z^2} \tag{2.19}$$

なお，念のために補足しますと，この場合 A_x, A_y, A_z の各値はそれぞれ x, y, z 軸上の原点 O からの長さと等しくなります．

2.6.2 ベクトルの行列による表示

式 (2.18) で表されるベクトル A は，行列を使うと次のように表すことができます．

$$\begin{bmatrix} A_x \\ A_y \\ A_z \end{bmatrix} \tag{2.20}$$

この行列は図 2.9 に示した行列の構成において，$m = 1 \sim 3, n = 1$ とおいた場合に相当しますが，このような行列は列ベクトルとか，1 列行列と呼ばれます．

また，2.1 節において式 (2.2) に数字の縦の並びで示した速度 v は行列と解

釈できます．ですから，式 (2.2) の数値を縦に並べた式は，次のようにベクトル記号で表される 3 次元のベクトルになります．

$$v = v_x \boldsymbol{i} + v_y \boldsymbol{j} + v_z \boldsymbol{k} \tag{2.21}$$

以上のことから，行列とベクトルは同じものだと書いてある「行列とベクトル」の教科書もあるくらいです．ですから，少なくとも，行列とベクトルは親類ということにはなりそうです．なお，行列の構成において $m = 1$ を一定にしたときには，次のように

$$[\text{a b c} \cdots] \tag{2.22}$$

と横長の行列で表されますが，これは行ベクトルとか 1 行行列とかと呼ばれます．

演 習 問 題

2.1 二人の飲み友達の A 氏と B 氏がある居酒屋に入った．A 氏はコップ酒を 5 杯，やきとりを 2 本，および，肉じゃがの皿を 2 皿注文し，B 氏はコップ酒を 3 杯，やきとりを 6 本，および，肉じゃがを 1 皿注文した．これらをまとめて，数値を縦に並べ，本文の式 (2.1) で示したようなもの，および行列を使って表せ．

2.2 いま，次の二つの縦行列で表される力のベクトル $\boldsymbol{F}_1$ と $\boldsymbol{F}_2$ がある．ベクトル $\boldsymbol{F}_1$ と $\boldsymbol{F}_2$ の和をこれらの縦行列を使って演算し，ベクトル $\boldsymbol{F}_1$ と $\boldsymbol{F}_2$ の和の行列を示せ．

$$\boldsymbol{F}_1 = \begin{bmatrix} 1 \\ 5 \\ 3 \end{bmatrix}, \quad \boldsymbol{F}_2 = \begin{bmatrix} 3 \\ 4 \\ 2 \end{bmatrix}$$

2.3 いま南方に 3[m]，東方に 1[m] で上方に 2[m] の向きの風と北方に 3[m]，西方に 2[m] で下方に 2[m] の向きの二つの風が吹いているとせよ．この二つの風を合わせるとどのような風になるかを，行列を使って答えよ．ただし，各行列の 1 行目は南北方向，2 行目は東西方向，3 行目は上下方向の風向きと大きさを表すとせよ．ここで各数値は南，東，上の各方向をプラスとし，風速の大きさの単位は [m/s] を使用せよ．

2.4 x 成分が 1，y 成分が 2 のベクトル $\boldsymbol{A}$ と，x 成分が -1，y 成分が $+1$ のベクトル $\boldsymbol{B}$ の，二つの 2 次元ベクトルがある．二つのベクトルの和をベクトル $\boldsymbol{C}$ として，ベクトル $\boldsymbol{C}$ を図を用いて求めよ．また，ベクトル $\boldsymbol{A}$ とベクトル $\boldsymbol{B}$ のそれ

ぞれの成分を，ベクトル成分を使って計算し，図に描いた答えのベクトル C が正しいことを確認せよ．

2.5 次の二つの3次元ベクトル A, B がある．ベクトル A, B の和のベクトルをベクトル C として，ベクトル C を，行列を使って演算すると共に，ベクトル記号を用いて数式で示せ．

$$A = 3i + 6j + 7k, \quad B = 4i + j - 3k$$

2.6 いま，行列要素が a_{ij} で表される行列がある．行列要素 a_{ij} の添え字の i と j が $i = 1 \sim 3$, $j = 1 \sim 4$ の値をとるとして，行列要素を具体的に書いて，この行列を示せ．

Chapter 3

等速運動と等加速度運動

　この章では力学における基本的運動の等速運動と等加速度運動について説明します．等速運動でも，円運動は加速度を持っているので，章を改めて 5 章で説明することにします．地上の物体の運動では物体には常に重力加速度 g が働いていますが，重力加速度下の物体の運動は非常に重要です．重力加速度 g が働く下での運動は基本からよく理解しておく必要があるので，この章では例題も使って詳しく丁寧に説明しておきましょう．

3.1 等速直線運動

▶物理量にはいろいろな成分がある

　物体の運動の中で等速直線運動は最も基本になる運動です．速度が一定で進む運動は等速運動と呼ばれますが，等速運動をまっすぐに 1 方向に進む直線運動になぜ限っているかと言いますと，等速運動であるためには加速度があってはなりませんが，まっすぐに進まない等速運動には必然的に加速度が加わるためです．

　1 章においてニュートン力学を導入したときに，慣性の法則について説明しましたが，慣性の法則が成り立つ物体の運動系は慣性系と呼ばれます．この慣性の法則の成り立つ慣性系では力が作用しない限り，物体の運動は等速運動を続けます．

　いま，一定の速度 v_a で等速直線運動しているある物体が，t 時間の間に x の距離を進んだとすると，距離 x は次の式で表されます．

$$x = v_a t \qquad (3.1)$$

式 (3.1) の関係を，縦軸に x をとり，横軸に t をとって描くと，図 3.1 に示す直線になります．この図においては，物体の進む縦軸の距離 x の，横軸 (時間

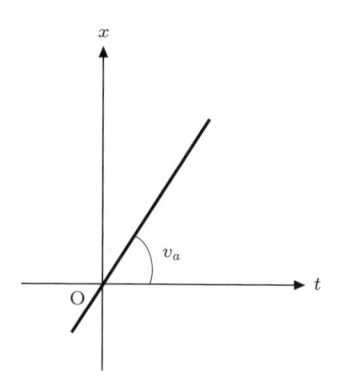

図 3.1 速度は勾配で表される

軸で表す) の時間軸の t に対する勾配が速度 v_a を表しています．このことはすでに 1 章においても説明しました．

一般には速度は距離 x を時間 t で微分して得られますが等速直線運動している物体の速度 v_a は式 (3.1) より簡単に，次のようになります．

$$v_a = \frac{x}{t} \tag{3.2}$$

したがって，等速直線運動している物体では，進んだ距離 x を時間 t で割ったものが速度になることがわかります．

例題3.1 ある自動車が等速直線運動しています．いま，この車が 80[km] 進むのに 2 時間かかったとします．この車の秒速はいくらですか？

[解答] 速度 v で走る車の走行距離 x と時間 t の関係は，$x = vt$ となるので，この式から，車の速度 v は $v = x/t$ の式で与えられます．この式の x と t に，距離 x を [m] 単位で，時間 t を秒 [s] の単位で表してこれらを代入すると，$v = (80 \times 10^3 [\mathrm{m}])/7200[\mathrm{s}] = 11.1[\mathrm{m/s}]$ と計算されます．したがって，この車の速度 (秒速) は 11.1[m/s] です．

3.2 等加速度直線運動

▶進む距離は 2 次曲線で表される

　加速度 a が一定で時間によって変化しない運動は，等加速度運動と呼ばれます．等加速度運動には単純に水平方向に進む直線運動のほかに，物体に重力加速度 g が働く場合に起こる，加速度が下向きの物体の落下運動や物体を斜めに投げた場合の放物線運動があります．落下運動と放物線運動については，節を改めて次の節で説明しますので，この節では等加速度直線運動に限って説明することにします．

　等加速度直線運動している物体では加速度を一定の a とすると，速度 v は次の式で表されます．

$$v = at \tag{3.3}$$

式 (3.3) を時間 t で微分すると，加速度 a は速度 v の時間 t による微分として，次の式で表されます．

$$a = \frac{\mathrm{d}v}{\mathrm{d}t} \tag{3.4a}$$

　この式 (3.4a) を，式の右辺と左辺を逆にして時間 t で積分すると，a は一定なので速度 v として次の式が得られます．

$$v = at + C \tag{3.4b}$$

ここで，C は積分定数ですが，$t = 0$ のとき，つまり，物体の最初の速度 (= 初速度) が v_0 であったとすると，式 (3.4b) にしたがって C の値は v_0 となります．したがって，速度 v は，結局次の式で表されることがわかります．

$$v = at + v_0 \tag{3.4c}$$

また，速度 v は 1 章の式 (1.13) に示したように，時間 t の微分で表され，$v = \mathrm{d}x/\mathrm{d}t$ となるので，この式を使うと，式 (3.4c) は次のようになります．

$$\frac{\mathrm{d}x}{\mathrm{d}t} = at + v_0 \tag{3.4d}$$

式 (3.4d) で表される速度の式を時間 t で積分すると，次のようになります．

$$x = \frac{1}{2}at^2 + v_0 t + C \tag{3.4e}$$

この式の C も積分定数ですが，いま，$t = 0$ のとき，すなわち，出発点の x の値を 0 とする (すなわち，運動の始まりの位置を 0[m] とする) と，等加速度直線運動している物体が進んだ距離 x は，結局次の式で表されます．

$$x = \frac{1}{2}at^2 + v_0 t \tag{3.5}$$

式 (3.5) で表される距離 x は時間 t の 2 次関数ですから，よく知られているように，この式 (3.5) を縦軸に x をとり，横軸に時間 t をとって図に描くと，図 3.2 に示すようになります．すなわち，加速度一定の直線運動の進む距離 x は時間 t の 2 次曲線にしたがって変化することがわかります．

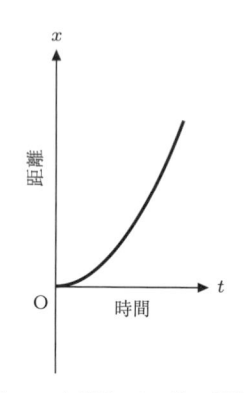

図 3.2　加速度一定で進んだ距離

┃例題3.2┃　ある車が加速度 a として $a = 1.2[\mathrm{m/s^2}]$，初速度 v_0 の速度で，等加速度直線運動をしながら走っています．初速度 v_0 が $v_0 = 0$ のときと $v_0 = 10[\mathrm{m/s}]$ のときの，この車が 5 秒間走った後の速度 v と，走行距離 s を求めて下さい．

［解答］この問題の速度は式 (3.4c)，走行距離は式 (3.5) を使って求めることができます．まず，初速度が 0[m/s] のときの 5 秒後の車の速度 v は，式 (3.4c) を使って $v = 1.2[\mathrm{m/s^2}] \times (5[\mathrm{s}]) = 6[\mathrm{m/s}]$ となります．この速度は時速に直

すと 1 時間は 3600 秒ですから，$6[\text{m/s}] \times 3600[\text{s/h}] = 21.6[\text{km/h}]$ と計算できます．また，走行距離 s は，式 (3.5) を使って x を距離 s と読み変えて $s = (1/2) \times 1.2[\text{m/s}^2] \times (5[\text{s}])^2 = 15[\text{m}]$ と計算できます．

また，初速度 v_0 が $v_0 = 10[\text{m/s}]$ のときの速度 v は，$v = 6[\text{m/s}] + 10[\text{m/s}] = 16[\text{m/s}]$ となり，走行距離 s は $s = (1/2) \times 1.2[\text{m/s}^2] \times (5[\text{s}])^2 + 10[\text{m/s}] \times 5[\text{s}] = 65[\text{m}]$ と計算できます． ■

3.3 重力加速度下の等加速度運動

3.3.1 自由落下運動

▶物体が穴の底に落ちるとき

地上空間では地球の引力による重力加速度が常に下向きに働くので，空中で支えていた物体を離すと，物体は重力によって落下します．すなわち，物体は落下運動を始めます．この運動は自由落下運動と呼ばれます．自由落下運動では重力加速度 g が働きますが，重力加速度による加速度は下向きに一定ですから，自由落下運動は等加速度運動ということになります．

自由落下する物体の運動方向は下方向ですから，ここで座標軸としては上下方向を表す軸には z 軸を使うことにします．そして，この項では物体の運動する距離は物体が落下飛行するときの距離になりますので，距離は x でなしに，z で表すことにします．加速度の a_z は，重力加速度の前にマイナス記号を付けて $-g$ となります．そして，g の絶対値は $9.80[\text{m/s}^2]$ です．

したがって，自由落下運動における物体の速度 v_z は下向きになり，次の式で表されます．

$$v_z = -gt \tag{3.6}$$

そして，時間 t の間に物体の落下した距離 z は，式 (3.6) を時間 t で積分して，次のようになります．

$$z = -\frac{1}{2}gt^2 + C \tag{3.7a}$$

ここで，C は積分定数です．

自由落下運動の場合の式 (3.7a) の積分定数の値を決定するには，物体がどの

ような状況の下に置かれているかを知る必要があります．置かれた状態によって C の値は変化するからです．すなわち，地上 0[m] の位置から物体を地下に掘った穴に落とすか，地上からある高さの塔の上から物体を落とすかで，積分定数 C の値は変わってきます．

最初に，地上 0[m] の位置から，この位置を起点として物体を落下させる場合を考えましょう．すると，このときは落下開始時の時間 t を 0 として，上下位置は 0 ですから，$z = 0$ と $t = 0$ を 式 (3.7a) に代入すると，$C = 0$ と積分定数の値が決まります．

次に，高さが h の塔の上から，物体を落下させる場合を考えると，このときには落下開始時の物体の位置は塔の高さの h ですから，$t = 0$ と $z = h$ を式 (3.7a) に代入して，積分定数 C は $C = h$ と決まります．したがって，高さ h の位置から物体を落下させる場合の，時刻 t における物体の位置は，式 (3.7a) の C を h と置き換えて，次の式で表されます．

$$z = -\frac{1}{2}gt^2 + h \qquad (3.7b)$$

落下開始時の物体の高さ位置が地上 0[m] の場合は，この式 (3.7b) の h の値は，$h = 0$ となります．

┃例題3.3┃ いま，深さが 50[m] と長くて深い穴があったとしましょう．穴の上 (地上 0[m]) からある物体を静かに落としました．この物体が穴の底に届くには何秒かかるでしょうか？ また，物体が底に着いたときの物体の速度はいくらになるでしょうか？ なお，穴には水はなく，底まで空気と仮定し，空気の摩擦は無視して下さい．摩擦力については，摩擦の問題を扱うとき以外は，以降すべての例題，および演習問題において無視して下さい．

[解答] この問題を解くには，落下する物体の速度と位置の両方を知る必要があるので，式 (3.6) と式 (3.7a) において $C = 0$ とおいた式を使います．まず，物体が落下した距離は 0[m] 以下の地下ですから深さ 50[m] は -50[m] と考えればよいので，$C = 0$ とおいた式 (3.7a) に $z = -50$[m] を代入すると，次の式が得られます．

$$-50[\text{m}] = -\frac{1}{2}gt^2 \qquad (\text{E3.1})$$

この式 (E3.1) を使って，物体が底に着いた時間 t を求めると，$t^2 = 2 \times 50[\text{m}]/9.8[\text{m/s}^2] = 10.2[\text{s}^2] \to t = 3.19[\text{s}]$ と計算できます．

また，落下した物体が穴の底に着いたときの物体の速度 v は，いま求めた $t = 3.19[\text{s}]$ の時間を式 (3.6) で表される物体の速度の式に代入すると，$v_z = -9.8[\text{m/s}^2] \times 3.19[\text{s}] = -31.3[\text{m/s}]$ となります．以上の結果，物体が穴の底に届くまでの時間は 3.19 秒で，底に着いたときの物体の速度の大きさは 31.3[m/s] で，向きは下向きあることがわかります． ■

▶真上に物を投げたとき

次に，物体をある初速度で真上に投げたときの運動について考えてみましょう．いま，物体の初速度を v_0 とすると，加速度 a_z は下向きの重力加速度 $-g$ ですから，投げ上げた物体には下向きの加速度 $-g$ が働くので，上向きの速度を正とすると速度 v_z は次の式で表されます．

$$v_z = v_0 - gt \tag{3.8}$$

また，投げ上げた物体の高さ位置を z としますと，z は式 (3.8) を時間 t で積分して，次の式で表されます．

$$z = -\frac{1}{2}gt^2 + v_0 t + C \tag{3.9a}$$

もしも，地上 0[m] の位置から物体を投げたとすると，$C = 0$ となります．人間が投げる場合などは，物を投げる位置が地上 0[m] より少し高くなりますので，この高さを h としますと，$t = 0$ と $z = h$ を式 (3.9a) に代入して，積分定数 C は $C = h$ と決まります．

したがって，真上に物体を投げて t 時間経過した後における，物体の高さ位置 z は，次の式で与えられます．

$$z = -\frac{1}{2}gt^2 + v_0 t + h \tag{3.9b}$$

もちろん，高さを測る基準位置には地上 0[m] の位置をとっています．

┃例題3.4┃ ある人が地上 1.5[m] の位置から初速度 20[m/s] でボールを真上に投げました．このボールはどれくらいの高さまで上昇するでしょうか？ また，

この最も高い位置にボールは何秒で到達するでしょうか？

[解答] この問題は少し難しそうに見えますが，落ち着いて考えるとそうでもありません．すなわち，真上に投げたボールが最も高い位置に届いたときボールの速度がどうなるかを考えるのがポイントで，これがわかれば問題は比較的簡単に解けます．

と言うのは，投げ上げたボールが最も高い位置に達した，その瞬間にはボールの動きは止まります．ですからこのときボールの速度 v が 0 になるので，$v_z = 0$ を式 (3.8) に代入すると，次の式が成り立ちます．

$$0 = v_0 - gt \tag{E3.2}$$

この式を解くとボールが最も高い地点に達するまでの時間 t が得られ，時間 t は $t = v_0/g$ と求まります．

また，このときのボールの地上からの高さ位置 z は，ここで得られた時間 $t = v_0/g$ の関係を式 (3.9b) に代入すると，次の式が得られます．

$$\begin{aligned} z &= -\left(\frac{1}{2}\right) g \left(\frac{v_0}{g}\right)^2 + v_0 \times \left(\frac{v_0}{g}\right) + h \\ &= \frac{v_0^2}{2g} + h \end{aligned} \tag{E3.3}$$

以上で数式による解答が得られたので，ここで数値を求めるために，$v_0 = 20[\text{m/s}]$ と $g = 9.8[\text{m/s}^2]$ を $t = v_0/g$ に代入すると，ボールが最も高い位置に到達する時間 t は $t = 20[\text{m/s}]/9.8[\text{m/s}^2] = 2.04[\text{s}]$ と計算できます．また，v_0 と g の値のほかに h の値 $1.5[\text{m}]$ を式 (E3.3) に代入すると，$z = 400[\text{m}^2/\text{s}^2]/(2 \times 9.8[\text{m/s}^2]) + 1.5[\text{m}] = 20.4[\text{m}] + 1.5[\text{m}] = 21.9[\text{m}]$ と計算できます．したがって，真上に投げたボールは 2.04 秒後には，最高点の 21.9[m] まで上昇し，そのあと地上に落下することがわかります．∎

3.3.2 水平方向に投げた物体の運動

▶重力の働く地上では慣性の法則は成り立たない！

「ボールをまっすぐ水平に前方向に投げるとボールはどうなるか？」慣性の法則にしたがって，そのまま水平に前方向にいつまでも飛び続けるかというと，そ

3.3 重力加速度下の等加速度運動

うはいきません．このことを私たちは経験で知っています．なぜでしょうか？

それは前方向には，ここでは無視する摩擦力 (空気抵抗) 以外には何も力は働きませんが，上下方向に重力加速度による力 (重力) が，ニュートンの運動の第二法則 ($F = ma$) によって働くからです．このために前方向に投げた物体，たとえば水平に前方向に投げたボールは，図 3.3 に示すように，ボールの位置が次第に下方向にずれてきて，やがて地面に落下してしまいます．

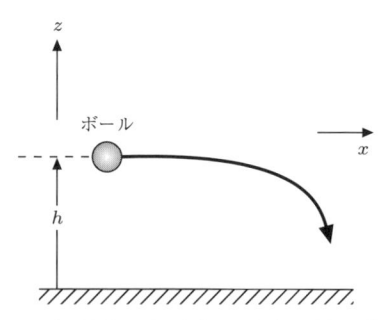

図 3.3 水平方向に進む物体は下方向に重力を受ける

ボールをある速度で前方向に水平に投げることを力学的に考えてみましょう．図 3.3 に示すように，前方向を x 方向，上下方向を z 方向とすると，ボールの速度は一つのベクトルと考えることができますから，一般的には，この速度は x 方向の成分のほかに z 方向の成分を持ちます．もちろん，加速度についても同様に考える必要があります．

実は，水平方向に投げたボールの運動を考えるには，一般論のときと同じように速度や加速度について，これらを x 方向の成分と z 方向の成分に分けて考えなくてはいけないのです．

そこで，ここでは水平横方向に投げるボールの初速度を v_0 として，速度 v と加速度 a について，x 成分と z 成分を考えることにしましょう．x 方向の速度を v_x，加速度を a_x とし，z 方向の速度を v_z，加速度を a_z とすると，これらは，いまの条件ではそれぞれ次の式で与えられます．

$$a_x = 0, \quad a_z = -g \tag{3.10}$$

$$v_x = v_0, \quad v_z = -gt \tag{3.11}$$

これらの式について少し説明を加えておくと，力は x 方向には働かないので，x 方向の加速度 a_x は 0 になります．しかし，z 方向にはすでに説明したように地球の重力による重力加速度が働くので，z 方向の加速度 a_z は $-g$ となります．また，x 方向の速度 v_x は初速度だけでこれは変化しないから，時間によらず一定の v_0 になります．z 方向の速度は式 (3.10) の z 方向の加速度 a_z を時間 t で積分して $-gt$ になります．

次に，ボールを水平方向に投げたときのボールの飛ぶ距離 (飛程) と位置について考えましょう．ボールの飛ぶ距離を考える場合には，ボールを投げる高さ位置が重要になります．というのは，ボールを投げる高さ位置が地上 0[m] であったとすると，ボールに加わる下方向の重力加速度のためにボールの飛程は 0[m] になってしまうからです．ボールを横方向に投げたときのボールの飛程は投げる位置の高さに依存するのです．だから，ここではボールを投げる高さを h とすることにします．

ボールを水平方向に投げたときのボールの水平に前方向に飛ぶ距離を x，上下方向の位置を z とすると，x と z は次の式で表されます．

$$x = v_0 t, \quad z = -\frac{1}{2}gt^2 + h \tag{3.12}$$

ここで，上下方向の位置 z は，式 (3.11) の v_z を t で積分して，積分定数を h としています．なぜならボールを投げる高さが h ならば，$t = 0$ のときの z の値 (高さ) は h だからです．

ボールの飛ぶ距離は x 方向の距離になるので式 (3.12) の x に従って，ボールの初速度 v_0 に，ボールが地上に落下するまでにボールが飛ぶ時間 (飛行時間) t_a を掛けることによって得られることがわかります．したがって，飛ぶ距離を求めるためには，ボールの飛行時間 t_a を知る必要があります．

飛行時間 t_a は次のようにして求まります．ボールが飛んだ先で落下した位置では，ボールの高さ位置 z は 0 ですから，飛行時間 t_a とボールを投げる高さ位置 h との関係は，式 (3.12) の z の値を 0 とおき，時間 t に飛行時間 t_a を使って，$t = t_a$ を代入して得られる，次の式で表されます．

$$h = \frac{1}{2}gt_a^2 \tag{3.13}$$

この式 (3.13) から，ボールの飛行時間 t_a は $t_a = \sqrt{2h/g}$ と求まります．ボールの前方向に飛ぶ飛行距離は初速度 v_0 と飛行時間 t_a の積の $v_0 \times t_a$ ですから，次の式で与えられます．

$$x = v_0 \sqrt{\frac{2h}{g}} \tag{3.14}$$

したがって，ボールの前方向に飛ぶ距離は，投げるボールの初速度 v_0 とボールを投げる高さ h および重力加速度 g の値に依存して変化することがわかります．

┃例題3.5┃ ある人がボールを秒速 30[m/s] の速度で水平前方向に投げたところ，ボールは 50[m] 先の地上に落下しました．この人は地上何 m の高さからボールを投げたでしょうか？ また，この人が高さ 2[m] の位置からボールを秒速 30[m/s] の速度で水平に前方に投げるとボールは何 m 先まで飛ぶでしょうか？

[解答] ボールを水平方向に投げたときの飛行距離 x は式 (3.14) で与えられるので，この式からボールを投げる高さ h を求めると，次の式が得られます．

$$h = \frac{gx^2}{2v_0^2} \tag{E3.4}$$

この式に $v_0 = 30$[m/s] と $x = 50$[m] を代入すると，$h = 13.6$[m] と計算できます．したがって，ボールを投げた高さは地上 13.6[m] です．また，高さ 2[m] の位置からボールを投げたときにボールの届く距離は，式 (3.14) を使って，$x = 19.2$[m] となります．ですから，ボールは 19.2[m] 先まで飛ぶことになります． ■

3.3.3 斜め上方向に投げた物体の運動

次に斜め上方向に投げた物体の運動を考えましょう．投げるものはこの場合もボールということにします．ボールを投げる初速度は v_0 としますが，斜めに投げるのですから，この初速度には横方向の x 成分と，上下方向の z 成分があります．

図3.4に示すように，初速度 v_0 が x 方向と θ の角度を持つとしますと，初速度 v_0 の x 成分と z 成分，および加速度の x 成分と z 成分は，それぞれ次の式で表されます．

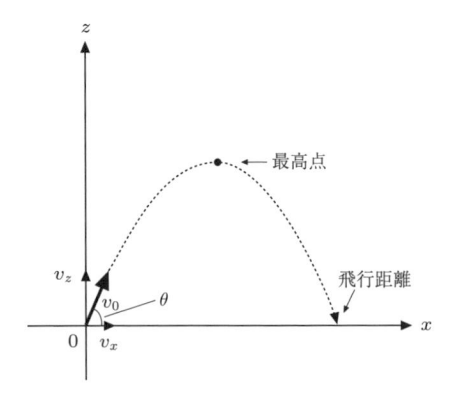

図 3.4 斜めに投げたとき

$$v_x = v_0 \cos\theta \tag{3.15a}$$

$$v_z = v_0 \sin\theta - gt \tag{3.15b}$$

$$a_x = 0 \tag{3.16a}$$

$$a_z = -g \tag{3.16b}$$

速度の v_x と v_z は距離 x と z の時間 t による微分によっても表すことができるので，初速度の x 成分と z 成分は，次の式によっても表せます．

$$\frac{\mathrm{d}x}{\mathrm{d}t} = v_0 \cos\theta \tag{3.17a}$$

$$\frac{\mathrm{d}z}{\mathrm{d}t} = v_0 \sin\theta - gt \tag{3.17b}$$

ボールを図 3.4 の原点 $(x=0, z=0)$ から斜め上に投げたときの，投げてから t 秒後の x と z の位置 (座標) は，式 (3.17a) と式 (3.17b) をそれぞれ時間 t で積分して，次の式で与えられます．

$$x = (v_0 \cos\theta)\, t \tag{3.18a}$$

$$z = (v_0 \sin\theta)\, t - \frac{1}{2}gt^2 \tag{3.18b}$$

速度 v_x と v_z を表す x と z の微分の式の (3.17a,b) を，時間 t により積分して得られた式 (3.18a,b) において積分定数を 0 とおいたのは，ボールを投げた水平 (前) 方向と高さ方向の位置 x と z は 0 だからです．なお，ボールを投げ

3.3 重力加速度下の等加速度運動

る高さ位置は，ここでは式の煩雑さを避けるために0としています．

ボールを投げる高さ位置を0とするのは，これでは(人間は)ボールを投げることができませんので非現実的ですが，力学の問題を理解するには特に問題は生じません．正直に高さ位置を1.5[m]などとすると式が複雑になり，演算が煩雑になる弊害が出てきます．

以上で物体を斜め上方に投げたときの物体の運動の基本式は出そろったのですが，これらを使って斜め上方に投げたボールが最高点に達するまでの時間 t_a と最高点の座標位置 (x, z) を示す式を求めておきましょう．

ボールが最高点の位置に到達するまでの時間 t_a は，次のようにして求められます．このときボールは最高点にいるので上下方向の速度 v_z は0となり，式(3.15b)に $t = t_a$ を代入して v_z の値を0とおくと次の式が得られます．

$$v_0 \sin\theta - gt_a = 0 \tag{3.19}$$

この式(3.19)より，ボールが最高点に到達するまでに要する時間 t_a は，次の式で与えられることがわかります．

$$t_a = \frac{v_0 \sin\theta}{g} \tag{3.20}$$

したがって，ボールの達する最高点の位置の x および z の座標は，この時間 t_a を式(3.18a,b)に代入して，それぞれ次の式で与えられます．

$$x = \frac{v_0^2 \sin\theta \cos\theta}{g} \tag{3.21a}$$

$$z = \frac{v_0^2 \sin^2\theta}{2g} \tag{3.21b}$$

┃例題3.6┃ ある人が25[m/s]の速度で，水平面と30度の角度で斜め上方にボールを投げました．このボールはどれくらいの距離まで飛ぶことができるでしょうか？　また，ボールが最も遠くまで達するまでにどのくらいの時間がかかりますか？　なお，ボールを投げた高さ位置は0[m]として下さい．

［解答］投げたボールが届く最大距離は，ボールを投げた地点からボールが地上に落下する地点までの距離になります．落下地点ではボールの z 方向の値は0になりますので，式(3.18b)の z の値を0とおくと，次の式が成り立ちます．

$$t\left(v_0 \sin\theta - \frac{1}{2}gt\right) = 0 \tag{E3.5}$$

この式 (E3.5) からボールを投げてから落下するまでに要した時間が得られます．すなわち，式 (E3.5) から時間の解としては $t = 0$ と $t = (2v_0 \sin\theta)/g$ の二つの時間 t が得られますが，0 の方はボールを投げたときの時間ですから，ボールが地上の落下地点に落下するまでの飛行時間は後者の $(2v_0 \sin\theta)/g$ の方です．ですから，この後者の時間をボールが落下するまでの飛行時間 t_a としますと，飛行時間 t_a は次の式で表されます．

$$t_a = \frac{2v_0 \sin\theta}{g} \tag{E3.6}$$

この式 (E3.6) に，重力加速度 g の値と初速度 v_0 の値，および斜め上に投げるボールの角度 θ の値を代入して t_a を計算すると，$t_a = (2 \times 25 [\text{m/s}] \times 0.5)/9.8 [\text{m/s}^2] = 2.55 [\text{s}]$ と，ボールを投げてから落下するまでの物体の飛行時間が求まります．

次に，式 (E3.6) の t_a を式 (3.18a) のボールの飛ぶ距離 x を表す式に代入すると，ボールの飛行距離を s としてボールの飛行距離 s の式は，次のようになります．

$$s = \frac{(2v_0^2 \sin\theta \cos\theta)}{g} = \frac{v_0^2 \sin 2\theta}{g} \tag{E3.7}$$

ここではサイン関数の公式 $2\sin\theta\cos\theta = \sin 2\theta$ を使いました．この式 (E3.7) にボールの初速度 v_0 の値と，g の値を代入すると，ボールの飛行距離 s は，$s = 25^2 \times [\text{m}^2/\text{s}^2] \times (\sqrt{3}/2)/9.8 [\text{m/s}^2] = 55.2 [\text{m}]$ と，ボールの飛行距離が求まります． ■

演 習 問 題

3.1 ある車が 30 分間走って出発地点から 22[km] 離れた地点に到達した．この車の速度は，秒速と時速にして，それぞれいくらになるか？

3.2 ある車を車庫から出して，5[m/s^2] の加速度で 3 秒間加速した．そのあとこの (3 秒間) 加速した速度で車を 1 時間走らせた．この車は動き始めてから止まるまでに何 km 進んだか？ また，この車が一定速度で走ったときの時速はいくらか？

演習問題

3.3 底まで水のない深い穴の中に,穴の上 (地上 0[m]) からある物体を落としたところ,3 秒間で物体は穴の底に着いたという.この穴の深さはいくらか？ また,穴の底に着いたときの物体の速度はいくらになるか？

3.4 ある人が地上 0[m] の高さからボールを真上に投げたところ,このボールは 30[m] の高さまで達したという.このボールの初速度,ボールが最高点まで到達するために要する時間,および,ボールが最高点から地面 (地上 0[m] の位置) に落ちてくるまでの時間は,それぞれいくらになるか？ また,ボールが最高点に達するまでの時間と,最高点の位置から地面 (地上) にボールが落下するまでの時間を比較し,計算結果について考察せよ.

　　注：計算の煩雑さを避けるためにボールを投げる高さ位置を 0[m] とした.

3.5 あるプロ野球の投手が 2[m] の高さ位置から,秒速 40[m/s] でまっすぐ水平に前方向にボールを投げた.このボールの速度は時速ではいくらになるか？ また,このボールは投げた位置から何 m 先まで達するか？

3.6 ある人が 0[m] の高さから初速度 $v_0 = 30$[m/s] で水平に対して 45 度の角度で斜め上方にボールを投げた.このボールの達する最高の高さ位置と,地上に落下したときの距離はいくらになるか？

Chapter 4

運動量と力積および摩擦力

　運動量は加速度や力などとともに物理学の基本量の一つで，きわめて重要な物理学の基本要素です．この章では運動量の基本と応用についてできるだけわかりやすく説明することにします．力積は運動量と密接な関係のある物理量で，運動量と力積の関係はニュートンの第二法則から導かれることも説明します．また，摩擦力は物体が動けば必ず働くもので，重要ですので，これまでは無視してきましたが，ここでとりあげることにします．

4.1　運　動　量

▶運動量は力と密接な関係がある

　道路の端を歩いているとき，車の走る速度が同じであっても接近した車が軽自動車なら，無茶な運転でもない限り怖く感じませんが，荷物を積んだトラックや土砂を積んだダンプカーが身近を走ると恐怖を覚えるものです．これは無意識にぶつかられると即死だ！　と感じるからです．なぜでしょうか．

　いま，図 4.1 に示すように止まっている軽自動車があるとして，これにある速度で走ってきたトラックがぶつかると速度はそれほど速くなくても，軽自動車は吹き飛ばされてつぶされてしまうでしょう．しかし，同じ速度で衝突しても軽自動車が静止しているトラックにぶつかったのなら，速度がそれほど大き

図 4.1　トラックと小型車

くなければトラックは一部破損程度で済むかも知れません．

　同じ速度なのになぜでしょうか？　同じ速度で走っていても，トラックの方が軽自動車より大きな力があるからでしょうか？　この問題に力が関係ないわけではありませんが，直接的な原因はトラックの方が運動量というものが大きいからです．

　運動量はその物体の質量 m に物体の速度 v を掛けたものの mv なので，速度 v は同じであっても質量 m の大きいトラックは大きな運動量をもつのです．運動量は mv のままでも表されますが，記号 p も使われますので，ここでは p を使うことにして，運動量が次の式で表されるとしましょう．

$$p = mv \tag{4.1}$$

本書では，運動量をこの式 (4.1) のように p も使いますが，一般にもそうであるように，適宜 mv も使うことにします．

　実は，運動量としてこの式 (4.1) を使いますと，運動量 p を時間 t で微分したものは力 F に等しくなって，次の運動方程式が成り立ちます．

$$\frac{dp}{dt} = F \tag{4.2}$$

ですから，上の説明で軽自動車がトラックにぶつかると軽自動車が吹き飛ばされるのは，直接的には力のためではないなどと書きましたが，この式 (4.2) からわかるように，運動量は力とは大いに関係があり，運動量の時間変化は力になるのです．

　今のトラックと軽自動車の衝突の場合で考えますと，トラックが軽自動車にぶつかると，トラックのスピードはこのためにいくぶん遅くなります．つまり，衝突によってトラックの速度 v が減速されます．すると，トラックの質量 m は一定で常に変わりませんが，速度 v が変わるので運動量 mv は変わることになります．しかもこの変化は一瞬とはいえいくらかの時間をかけて起こるので運動量の時間変化が起こります．すると，式 (4.2) からわかるように力 F が発生します．ですから，結局，トラックが軽自動車に衝突すると大きな力が軽自動車に加わることになります．

　もっとも，この話は逆に解釈した方が自然かもしれません．つまり，トラッ

クが軽自動車に衝突すると，軽自動車との衝突で力 F を得てトラックの運動量が変化する……．と言いますのは，物体に力を加えることなしに物体の運動量が変化することは，慣性の法則から考えてありえないからです．

そこで，式 (4.2) の p を mv に戻して，このことを少し詳しく考えてみることにしましょう．ということで式 (4.2) の p を mv と書き変えて変形しますと，次の式の右側の式ができます．

$$\frac{\mathrm{d}(mv)}{\mathrm{d}t} = F \quad \rightarrow \quad m\frac{\mathrm{d}v}{\mathrm{d}t} = F \tag{4.3}$$

この式 (4.3) の右側の式の $\mathrm{d}v/\mathrm{d}t$ は加速度 a を表していますから，この式 (4.3) は $F = ma$ となってニュートンの運動方程式 (ニュートンの第二法則) になります．ですから，運動量 p に対して成り立つ運動方程式の式 (4.2) はニュートンの第二法則に一致します．このことから運動量の運動方程式はニュートンの第二法則の言い換えであるとも説明されています．

4.2 力　積

図 4.2 に示すように，棚の上に置いてあった花瓶が落ちてきて，頭に当たり跳ね返ると確実に怪我をするでしょうね．頭との衝突で花瓶の運動の方向が逆転するので，後で説明するように，単に花瓶が当たったときの衝撃では済みませんからね．上で説明した式 (4.3) からも当然推定されることです．

図 4.2　頭上に落下する花瓶

いま，運動量 p と力 F の関係式 (4.2) の両辺に dt を掛けてみると，形の上で次の式が得られます．

$$dp = Fdt \tag{4.4a}$$

物体の運動量が p_1 から p_2 まで変化したときに，時間が t_1 から t_2 まで変化したとすると，この式 (4.4a) の左辺を運動量 p で p_2 から p_1 まで定積分したものは，右辺を時間 t で t_2 から t_1 まで定積分したものと等しくなるので，次の式が得られます．

$$\int_{p_1}^{p_2} dp = \int_{t_1}^{t_2} Fdt \quad \rightarrow \quad p_2 - p_1 = \int_{t_1}^{t_2} Fdt \tag{4.4b}$$

そして，時間 t_1 と t_2 の間に物体に加わる力 F が一定で，F が定数とみなせるときは，この式 (4.4b) の定積分の部分は，次のようになります．

$$p_2 - p_1 = F\int_{t_1}^{t_2} dt \rightarrow p_2 - p_1 = F(t_2 - t_1) \tag{4.5a}$$

ここで，$p_1 = mv_1$, $p_2 = mv_2$ および $t_2 - t_1 = t$ とおくと，次の式が得られます．

$$mv_2 - mv_1 = Ft \tag{4.5b}$$

式 (4.5a) と式 (4.5b) は同じ内容を表す式ですが，式 (4.5b) を使って説明しますと，式 (4.5b) の左辺は時間が t_1 から t_2 まで変化する間の運動量 mv の変化で，右辺はその時間の間に物体に加わる力 F とその時間間隔 t の積を表しています．右辺の Ft が力積と呼ばれる物理量です．したがって，力積は運動量の変化によって表すことができます．

この節の冒頭で述べた頭上への花瓶の落下の問題に適用すると，mv_1 の m は花瓶の質量に，v_1 は花瓶が頭を直撃したときの花瓶の落下速度になります．そして，v_2 は花瓶が頭に当たって跳ね返った後の速度になります．跳ね返った後の速度 v_2 は，逆（マイナス）方向ですから，k を定数として $-kv_1$ となります．

ここで，k は係数で跳ね返り率（あとで反発係数として説明します）で一般には 1 より小さい値になります．したがって，花瓶が頭に当たって跳ね返った前後の運動量の差は $mv_1 - (-mkv_1) = m(1+k)v_1$ となるのでかなり大きい値になります．そして，これが力積 Ft になりますので，$Ft = m(1+k)v_1$ とな

ります．

そして，力 F は $F = \{m(1+k)v_1\}/t$ となるので，花瓶が頭に当たってから花瓶が跳ね返るまでの時間 t が短ければ，頭に加わる力 F の値は非常に大きいものになります．したがって，花瓶が大きい速度で頭に落ちれば頭は大きな力を受けますが，もしも花瓶にゴム紐などが付いていて頭の上に緩やかに落ちれば，衝突時間が間延びして時間間隔 t も大きくなりますので，頭が受ける力は緩和されて小さくなります．

以上が運動量と力積の関係で，両者の関係は正しくは次のように定義されています．すなわち，(力を加えた) 物体の運動量の変化は，この間に (物体に) 働いた力積に等しくなります．

4.3 運動量と力積の密接な関係

運動量と力積の関係をよく理解するために，式 (4.4a,b) についてもう一度調べてみますと，物体に加わる力 F が一定のときには式 (4.4a) が成り立ちますが，一般には物体の運動量が変化するとき物体に加わる力 F は常に一定とは限りません．物体に加わる力 F の大きさが，力が加わる間に変化する場合には，式 (4.4b) の右側の式の積分はそのままになるので，運動量と力積の間に p を mv で書くと，次の式が成り立ちます．

$$mv_2 - mv_1 = \int_{t_1}^{t_2} F dt \tag{4.5c}$$

ですから，物体に加わる力 F に時間変化が存在する一般的な場合をも含めた力積は，Ft ではなく，この式の右辺の $\int_{t_1}^{t_2} F dt$ で表されるとされています．

この式 (4.5c) を書き換えますと，次の式で示すように

$$mv_2 = \int_{t_1}^{t_2} F dt + mv_1 \tag{4.5d}$$

物体の速度 v がある時間 $t\,(= t_2 - t_1)$ 経過した後の運動量 mv_2 は，元の運動量 mv_1 に力積を加えたものになります．

しかし，二つの物体が衝突したような場合には，衝突した物体の速度は遅くなりますので，その物体の運動量が衝突のあと増加することはありえません．

したがって，式 (4.5d) は実際には，次のように書いた方がわかりやすいかもしれません．

$$mv_2 = -\left|\int_{t_1}^{t_2} F dt\right| + mv_1 \tag{4.5e}$$

以上の説明から，物体に力が加わらなければ力 F は 0 になるので，運動量 mv_2 と mv_1 は等しくなり運動量の変化は起こりません．このことが成り立つことは慣性の法則が成り立つことを考えると納得できるはずです．

ここで，具体的な例として鉄砲と砲筒の長さの関係について考えてみましょう (図 4.3)．誰でも知っているように，近くの物を撃つにはピストルが使われますが，狩りをする場合のように遠くの獲物などを撃つときには鉄砲が使われます．なぜでしょうか？ これは鉄砲の方がピストルよりも弾丸を送りだす砲筒の長さが長く，弾丸が遠くまで飛ぶからです．

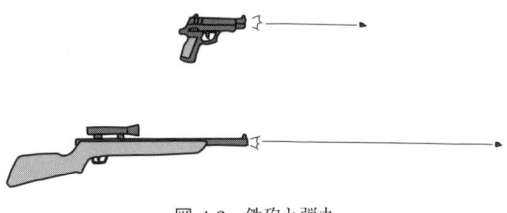

図 4.3 鉄砲と弾丸

いま，鉄砲とピストルの弾の質量が同じで，これを m，爆薬の爆破力を F とし，弾の砲筒を飛び出す速度を $v \, (= v_2 - v_1)$ とすると，式 (4.5b) より，弾の速度 v は次の式で与えられます．

$$v = \frac{F}{m} t = \frac{F}{m}(t_2 - t_1) \tag{4.6a}$$

ここで，v_2 と v_1 は弾が砲筒の中にいるときの速度で，v_1 は弾を詰めた位置での速度，v_2 は弾が砲筒の先端に達したときの速度です．弾を詰めるときには弾は止まっているので，ここでは $v_1 = 0$ とします．弾が砲筒を離れるときの速度 $v \, (= v_2 - v_1 = v_2$，これは結局弾の速度) の大きさは，当然弾が砲筒の中に存在する時間の長さ t に依存します．

式 (4.6a) では最初に弾を鉄砲に詰めたときの時間が t_1 になっていますが，簡

単のためにこれを 0 とすると $t = t_2$ となって，式 (4.6a) の弾の速度 v は次のように簡単になります．

$$v = \frac{F}{m}t \tag{4.6b}$$

式 (4.6b) では F/m は一定で変化しないので定数と考えると，弾丸の速度 v は弾が砲筒の中に存在する時間 (弾はこの間に弾薬から力を与えられる) t が長いほど大きくなります．

したがって，弾の速度 v が大きくて，弾が遠くの獲物まで届くには，爆薬の爆発力が弾に対して長く作用する必要があり，そのためには弾丸が砲筒の中に存在している時間 t が長いほどよいことを示しています．このためには，砲筒が長い必要があります．ですから結局，弾丸が遠くまで届くには砲筒の長いものが有利というわけで，これにはピストルより鉄砲ということがわかります．

▮**例題4.1**▮ いま，質量 10[kg] の鋼球 A と質量が 90[kg] の鋼球 B が一直線上に並んで静止しているとしましょう．ある人が玉突きの要領で鋼球 A を秒速 100[m/s] で強く突いて，静止している鋼球 B に当てました．鋼球 A は鋼球 B に衝突してその位置でほぼ止まり，鋼球 B は 11.11[m/s] の速度で同じ方向に動き出しました．鋼球 A の衝突前の運動量と追突された後の鋼球 B の運動量はいくらですか？ また，鋼球 A と B でどちらの運動量が大きいですか？

[解答] 題意により，鋼球 A の衝突前の運動量 P_A は $P_A = mv = 10[\text{kg}] \times 100[\text{m/s}] = 1000[\text{kgm/s}]$ となります．また，追突された鋼球 B の運動量 P_B は $P_B = mv = 90[\text{kg}] \times 11.11[\text{m/s}] = 999.9[\text{kgm/s}]$ と計算できます．鋼球 A と鋼球 B の運動量の差は，$P_A - P_B = 0.1[\text{kgm/s}]$ となりますが，運動量の差はほぼ 0 と思われます． ∎

▮**例題4.2**▮ いま，質量 800[kg] の車があるとしましょう．この車が静止状態からアクセルを踏んで，1.5[m/s^2] で加速しながら 16 秒間走りました．この車が走り始めてからの運動量の変化はいくらですか？

[解答] この車の速度を v としますと，v は $v = at$ となるので，出発してから 16 秒後のこの車の速度 v は $v = 1.5[\text{m/s}] \times 16[\text{s}] = 24[\text{m/s}]$ となります．したがって，この車が走り始めてから 16 秒後の運動量 p は $p = mv =$

800[kg] × 24[m/s] = 19200[kgm/s] と計算できます．この車は最初静止していましたので，最初の運動量 p は 0 です．ですから，運動量の変化は 19200[kgm/s] となります．　■

┃**例題4.3**┃　質量が 750[kg] の車の運動量が，10 秒間に 9000[kgm/s] から 6000[kgm/s] まで変化しました．この車を運転していた人は車に対してどのような操作をしたのでしょうか？

［解答］この車が最初に持っていた運動量は 9000[kgm/s] ですので，運動量 p_1 は $p_1 = mv$ で与えられます．このときの車の速度を v_1 としますと，$v_1 = 9000[kgm/s]/750[kg] = 12[m/s]$ と計算できます．また，運動量が 6000[kgm/s] になったときの速度を v_2 としますと $v_2 = 6000[kgm/s]/750[kg] = 8[m/s]$ と計算できます．つまり，この車は 10 秒間の間に速度が 12[m/s] から 8[m/s] に遅くなっていますから，この車を運転していた人はブレーキを踏んで車を減速させたと思われます．

車の速度は 12[m/s] から 8[m/s] に減速していますから，この間の加速度 a は $a = -4[m/s]/10[s] = -0.4[m/s^2]$ となります．ですから，この人は車のブレーキを踏んで，車に $-0.4[m/s^2]$ の加速度を加えて車を減速させたのでしょう．　■

4.4　運動量保存の法則

物理量が運動などの過程を通じて変化しないことは，物理学では物理量は保存されると言いますが，物理量の重要な一つの運動量は次の場合に保存されます．すなわち，物体に外部から働きかける (加わる) 力，またはこれらの外から加わる力の和が 0 のときは，その物理系の運動量は保存されます．

運動量の保存を，数式を使って考えてみましょう．4.1 節において運動量 p の運動方程式として，次の式 (4.2) が成り立つと述べました．

$$\frac{dp}{dt} = F \tag{4.2}$$

しかし，この式 (4.2) の右辺の力 F を，複数の力が働く場合を考えて，もう少し一般化して書くと，式 (4.2) は次の式に変わります．

$$\frac{dp}{dt} = \sum_i F_i \tag{4.7}$$

ここで，右辺は物体に多くの力 F が加わる場合の一般的な場合に，外部から物体に加わる力 (外力) の和を表していて，右辺の内容は展開式を用いて書いておくと，次のようになります．

$$\sum_{i=1}^{n} F_i = F_1 + F_2 + F_3 + \cdots + F_i + \cdots + F_n \tag{4.8}$$

外力の和が 0 であれば，式 (4.7) の右辺の $\sum_i F_i$ は 0 になるので，式 (4.7) の右辺を 0 とおいて，次の式が成り立ちます．

$$\frac{dp}{dt} = 0 \tag{4.9}$$

この式 (4.9) を時間 t で積分すると，p は次の式で表され，定数 C になります．

$$p = C \quad (C \text{ は定数で一定値を示す}) \tag{4.10}$$

この式 (4.10) は運動量 p が定数になり，一定であるということを表しています．このことは，物体に力が働かなければ，物体の質量 m と速度 v の積 mv で表される運動量が，常に一定に保たれることを表しているので，運動量が保存されるという法則，つまり運動量保存の法則を表しています．

ここで，具体的な例を使って説明します．運動量保存の法則が重要になるのは複数の物体が存在する場合ですが，一般的に複数では運動量が多くなるので，2 個の物体がある場合を例にとって説明することにします．

いま，質量が m_1 と m_2 の 2 個の物体 A と B が，図 4.4 に示すように，それぞれ速度 v_1 と $v_2 (v_1 > v_2)$ で一直線上を同じ方向に進んでいて，物体 A が物体 B に衝突したとしましょう．そして，衝突後の物体 A と B の速度がそれぞれ v_1' と v_2' になったとし，衝突したときの衝突の持続時間を t とします．

衝突の持続時間 t は非常に短いのですが，0 ではないので，有限の値として t とするわけです．また，2 個の物体 A と B が衝突したとき，物体に加わる力を F とすることにします．すると，質量が m_1，速度が v_1 の物体 A と，速度と質量が v_2 と m_2 の物体 B が衝突したときの運動量の変化と力積との関係は，それぞれ次の式 (4.11a) と式 (4.11b) で表されます．ここで v_1' と v_2' は衝突後

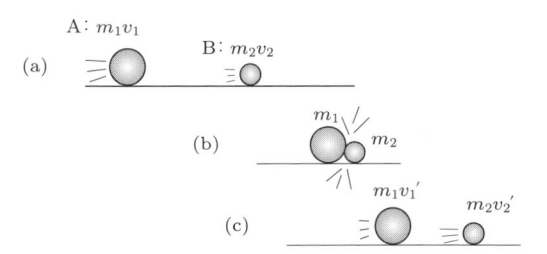

図 4.4 二つの物体の衝突と運動量の保存 (I)

の速度です．

$$m_1 v_1' - m_1 v_1 = Ft \tag{4.11a}$$

$$m_2 v_2' - m_2 v_2 = -Ft \tag{4.11b}$$

ここで，式 (4.11b) において質量 m_2 の物体 B が衝突したときの力積 Ft の前にマイナス符号が付いているのは次の理由によります．すなわち，物体 A と物体 B が衝突しますと，ニュートンの第三法則によって作用・反作用の法則が成立しますが，このとき物体 B は衝突される側ですので，B には反作用の方が働くからです．

次に，式 (4.11a,b) の辺々をお互いに加えますと，次の式ができます．

$$m_1 v_1' + m_2 v_2' = m_1 v_1 + m_2 v_2 \tag{4.12}$$

この式 (4.12) の左辺は物体 A と B が衝突した後の運動量の和を，右辺は衝突前の運動量の和を表していて，両者が等しいことを示しています．ですから，この式は衝突前後でこの物理系の運動量が変化しない，すなわち，運動量が保存されることを表しています．

図 4.4 に示した例では，衝突後の速度の v_1' と v_2' の方向は同じでしたが，2 個の物体が衝突したときの運動量保存の法則として式 (4.12) が示される一般の場合には，速度 v は方向と大きさの成分を持つベクトル量ですから，速度 v_1' と v_2' の方向は同じとは限りません．

すなわち，2 個の物体の衝突現象が図 4.5 で表されるような場合には，衝突後の 2 個の物体 A と B の進行方向は同じ方向にはならないで，A と B はある角度を持ってそれぞれ別の方向に進んでいきます．

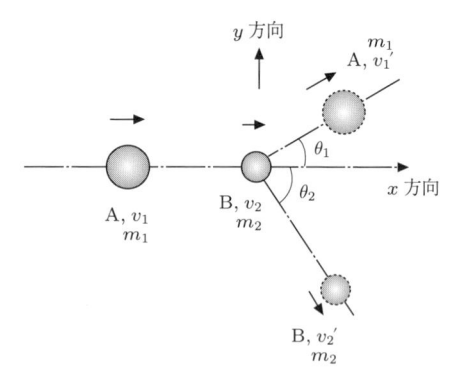

図 4.5 二つの物体の衝突と運動量の保存 (II)

このような課題に運動量保存の法則を適用するには，x 方向と y 方向をもつ 2 次平面では，運動量を x 成分と y 成分に分けて運動量保存の法則を適用する必要があります．

ですから，図 4.5 の場合では次のようになります．A, B 2 個の物体が衝突する前の運動量の x 成分は，$m_1 v_1 + m_2 v_2$ となります．また，衝突後の x 成分は，図 4.5 を見ると $m_1 v_1' \cos\theta_1 + m_2 v_2' \cos\theta_2$ となります．そして，衝突前の y 成分は存在しませんので 0 です．衝突後の y 成分は二つが上下逆方向になっていて，合計の y 成分は $m_1 v_1' \sin\theta_1 - m_2 v_2' \sin\theta_2$ となります．したがって，運動量量保存の法則により，次のように x 成分と y 成分について，それぞれつぎの等式が成り立ちます．

$$m_1 v_1 + m_2 v_2 = m_1 v_1' \cos\theta_1 + m_2 v_2' \cos\theta_2 \tag{4.13a}$$

$$0 = m_1 v_1' \sin\theta_1 - m_2 v_2' \sin\theta_2 \tag{4.13b}$$

問題を解いて A, B 2 個の物体が衝突した後のそれぞれの速度の大きさや方向を求めるには，上の式 (4.13a) と式 (4.13b) を連立方程式とみなして解く必要があります．

運動量保存の法則は物理学では非常に重要な法則ですが，このことをここで少し詳しく考えてみましょう．4.1 節で説明しましたように，運動量 p を時間 t で微分したものは力 F になり，両者の関係は式 (4.2) で表されます ($dp/dt = F$)．そして，この運動量の時間微分と力の関係を表す式 (4.2) は，ニュートンの第

4.4 運動量保存の法則

◆ 補足 4.1　運動量保存則は常に成立する

運動量保存の法則は量子力学においても常に成立します．物理学では本文にも書きましたように運動量保存の法則と共に重要な法則にエネルギー保存の法則がありますが，量子力学の世界ではエネルギー保存の法則は例外的に破れることがあります．しかし，運動量保存の法則は破れることはなく，常に成立すると言われています．

量子力学においては不確定性原理という絶対的な物理学の原理があります．この原理は運動量と位置(座標)の間に成り立つ関係ですが，量子力学ではエネルギー E と時間 t の間にも不確定性原理の関係が成り立ちます．

すなわち，エネルギーの不確かさを ΔE とし，このエネルギー E に関わる時間の不確かさを Δt としますと，ΔE と Δt の間には次の不確定性関係が成り立ちます．

$$\Delta E \Delta t \gtrsim \frac{1}{2}\hbar \tag{S4.1}$$

この式 (S4.1) において $\hbar$ は極めて小さい値の定数ですが，0 ではありません (古典力学では，これは 0 に近似しています).

量子力学では式 (S4.1) の右辺が 0 でないために，Δt の値が限りなく 0 に近く極めて小さい値のときには，エネルギーの不確かさ ΔE の値は無限大に近く大きくなることができます．不確かさが無限大のようなものは，その値を決めることはできませんから，極めて短い時間ならば，エネルギー E の値が定まらないことになります．したがって，量子力学では，極めて短い時間のときに限られますが，エネルギー保存の法則が破れることがあります．

二法則の変形した形になっています．

運動量保存の法則は，式 (4.2) を変形した式 (4.7) の右辺の外力の和 $\sum_i F_i$ を 0 にしたときに成り立つものであると説明してきました．このことは，運動量保存の法則が力学の基本法則から直接的に導かれるものであることを表しているので，運動量保存の法則は力学にとって基本的に重要です．

物理学では後で説明しますエネルギー保存の法則も非常に重要な法則ですが，運動量保存の法則は，エネルギー保存の法則と同等か，またはそれ以上に重要な基本的な物理法則と言われているのです．このことは補足 4.1 に示しますように量子力学においては特に強調されることなのです．

┃**例題4.4**┃　一直線上に並んだ質量 m が 30[kg] と 60[kg] の A, B の 2 個の泥で作った球があるとしましょう．いま，泥の球 A を 10[m/s] の速度で静止している泥の球 B に衝突させたところ，二つの球が一つに合体しました．この合体

した泥の球の運動はどのようになりますか？　つまり，速度の大きさと，進む方向はどの方向になるでしょうか？

［解答］A, Bの二つの泥の球と合体した泥の球の間には運動量保存の法則が成り立ちます．本文の式 (4.12) において，$m_1 = 30[\mathrm{kg}]$, $m_2 = 60[\mathrm{kg}]$ とすると，合体した泥の球の質量は 90[kg] となります．合体した泥の球の速度を v とすると，運動しているのは球 A と合体した球だけですから，次の運動量保存の式が成り立ちます．

$$30[\mathrm{kg}] \times 10[\mathrm{m/s}] = 90[\mathrm{kg}] \times v[\mathrm{m/s}] \tag{E4.1}$$

この式から合体した泥の球の速度 v は，$v = 300[\mathrm{kg\,m/s}]/90[\mathrm{kg}] = 3.33[\mathrm{m/s}]$ と計算できます．したがって，合体した泥の球の速度の大きさは 3.33[m/s] で，進行方向は A, B の球が進んできた直線上の延長方向の前向きだということがわかります．　■

‖例題4.5‖　図 E4.1 に示すように，x-y 平面上に同じ質量 m の 2 個の物体 A と B があり，これらが図に示すように，同じ速度 $v\ (= 20[\mathrm{m/s}])$ で原点に向かって突進し，原点において物体 A と B が衝突しました．このとき A と B の進行方向を示す，x 軸となす角度は共に 30 度でした．衝突後，二つの物体 A と B は合体して一体になって運動を続けたとすると，衝突後の合体した物体の速度の大きさと方向はどのようになりますか？

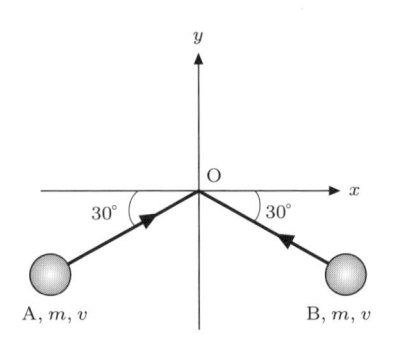

図 E4.1　運動量保存の例題

［解答］この問題も運動量保存の法則を使って解くことができますが，運動量

を二つの成分に分けて考える必要があります．この場合の運動量の x 成分と y 成分は，物体の衝突後の速度の x 成分と y 成分を，v_x, v_y とすると，次のようになります．

$$x \text{ 成分}: mv\cos 30° + (-mv\cos 30°) = 2mv_x \qquad (\text{E4.2a})$$

$$y \text{ 成分}: mv\sin 30° + mv\sin 30° = 2mv_y \qquad (\text{E4.2b})$$

式 (E4.2a) より $v_x = 0$，また，$2v_y = (1/2)mv + (1/2)mv = mv$ より $v_y = (1/2)v$ となるので，$v = 20[\text{m/s}]$ とおいて，合体した物体の速度の大きさの v_x は 0，v_y は $10[\text{m/s}]$ と計算できます．物体の進行方向は，計算結果により $v_x = 0$ で $v_y = 10[\text{m/s}]$ ですから，速度は y 成分のみなので y 軸上の正方向だとわかります．■

4.5 二つの物体の衝突と反発係数

前節の 4.4 節で述べた運動量の話にも出てきた衝突とこれに伴う反発係数について考えます．いま，図 4.6 に示すように，1 直線上に並んでいた質量が m_1 と m_2 の二つの物体が，それぞれ v_1 と v_2 の速度で直線上を反対方向から進んできて，ある位置で二つの物体が正面衝突し，速度がそれぞれ v_1' と v_2' に変化したとしましょう．図 4.6 においては右方向を正方向としています．

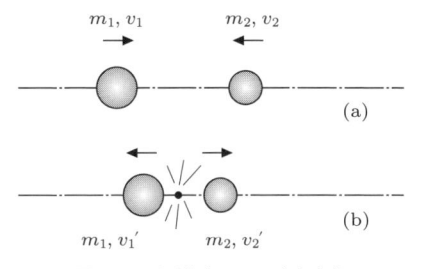

図 4.6 正面衝突による速度変化

このような条件で二つの物体が正面衝突しますと，二つの物体の運動量 m_1v_1，m_2v_2 および速度 v_1, v_2 と v_1', v_2' の間には，次の二つの関係式が成り立ちます．

$$m_1 v_1' + m_2 v_2' = m_1 v_1 + m_2 v_2 \tag{4.14}$$

$$v_1' - v_2' = e(v_2 - v_1) \tag{4.15}$$

ここで，e は衝突する物体の性質 (物質) によって決まる定数で，反発係数と呼ばれるものです．そして，反発係数の値は 0 から 1 までの間で変化するので，次の式で表されます．

$$0 \leq e \leq 1 \tag{4.16}$$

なお，式 (4.14)，式 (4.15) および式 (4.16) の関係は二つの物体が同じ方向に進んで衝突した場合にも成り立ちます．

次に，式 (4.14) と式 (4.15) から衝突後の速度 v_1' と v_2' を求めると，これらはそれぞれ次の式で表されます．

$$v_1' = v_1 - (1+e) \frac{m_2}{m_1 + m_2} (v_1 - v_2) \tag{4.17a}$$

$$v_2' = v_2 + (1+e) \frac{m_1}{m_1 + m_2} (v_1 - v_2) \tag{4.17b}$$

これらの式 (4.17a,b) において，反発係数 e の値が 1 のときには二つの物体の衝突は弾性衝突と呼ばれます．問題を単純化して静止している物体に衝突する条件 ($v_2 = v_2' = 0$) で式 (4.15) を計算すると $v_1' = -ev_1$ となります．したがって，$e = 1$ のときには衝突後の速度 v_1' は方向は逆になりますが，絶対値は変化しないことがわかります．

また，反発係数が 1 と 0 の間のときの衝突は，普通はこのようになりますが，この衝突は非弾性衝突と呼ばれます．このときには，衝突後の速度の値の絶対値は衝突前の速度の絶対値より小さくなります．実は，後の 6 章のエネルギーを述べる個所で例題として示しますが，非弾性衝突のときには，衝突の前後でエネルギーの変化があります．すなわち，衝突によって物体の運動エネルギーが一部失われます．だから，この衝突は非弾性衝突と呼ばれるのです．

しかしながら，反発係数が 1 のときの弾性衝突では，衝突の前後でエネルギーの変化はありません．衝突時のエネルギーの変化は重要ですので，後にエネルギーについて述べる 6 章の例題で，弾性衝突の前後ではエネルギーの差が生じないことを具体的に演算して示します．

また，反発係数 e の値が 0 のときには，衝突した二つの物体は反発しないで，お互いにくっつきます．前節の 4.4 節の例題で使った泥の球の衝突では二つの泥の球が一つに合体しましたが，泥の球の例はこの場合に該当します．

┃例題4.6┃ 同じ質量の二つの球 A と B が一直線上に逆方向に，それぞれ $2.5[\mathrm{m/s}]$ と $-1.5[\mathrm{m/s}]$ の速度で進んで，ある位置まできたときに A と B の球が正面衝突しました．そして，それぞれ A と B の球は $-1.0[\mathrm{m/s}]$ と $2.0[\mathrm{m/s}]$ の速度で反対方向に遠ざかりました．この衝突の反発係数はいくらになるでしょうか？

［解答］反発係数 e は式 (4.15) から求めることができますので，この式 (4.15) を使うと反発係数 e は次の式で表されます．

$$e = \frac{v_2' - v_1'}{v_1 - v_2} \tag{E4.3}$$

式 (E4.3) に題意の $v_2' = 2.0[\mathrm{m/s}]$, $v_1' = -1.0$, $v_1 = 2.5[\mathrm{m/s}]$, $v_2 = -1.5[\mathrm{m/s}]$ を代入して計算すると e の値は 0.75 となるので，反発係数は 0.75 と求まります． ■

4.6 摩　擦　力

▶摩擦力は接触面で運動を阻止する力

　二つの物体が接触した状態で，一方の物体が動き出すとか，両方がお互いに反対方向に動き出すような相対的に運動を始めようとするとき，また，二つの物体がすでに相対的に運動を始めているときには，動こうとする，または動いている物体には，一般にはある種の抵抗が生じます．

　このように二つの物体の接触面で相対運動を阻止しようとする現象は摩擦と呼ばれ，接触面でお互いに相手の面から受ける力は摩擦力と呼ばれます．

▶止まっている物体に働く静止摩擦

　ここでは，摩擦力を具体的に説明するために，図 4.7 に示すように，水平面上に静止している質量が m の物体 A を考えることにします．そして，図 4.7 に示すように物体に働く重力を mg として，重力を支えるように接触面におい

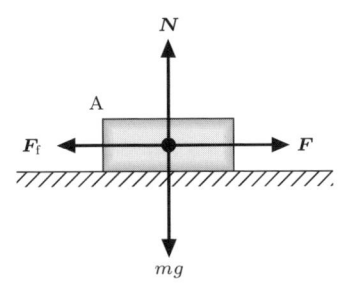

図 4.7 摩擦力の説明図

て mg に対して反対方向に働く力を N とします．この力は垂直効力と呼ばれます ($|N| = mg$)．

この図 4.7 に示すように水平面の上に置かれた物体 A に外部から力 (外力) F を物体 A に加えて，図に示すように物体を右方向に動かそうとすると，外力 F とは反対方向に，物体の動きを阻止しようとする力，すなわち摩擦力が働きます．この摩擦力をここでは F_f とすることにします．

面と物体の間に摩擦力が働くときは，外力 F が小さいときには物体 A は静止し続けて動きませんが，外力 F を徐々に大きくしていくと，ある外力 F で物体 A が動き始めます．このときに物体 A と接触している水平面の摩擦力が最大になります．

この最大の摩擦力を F_{fmax} としますと，F_{fmax} と垂直効力 N との間には，次の関係が成り立ちます．

$$F_{fmax} = \mu N \tag{4.18}$$

この式 (4.18) において，μ (ギリシャ文字でミューと読む) は静止摩擦係数と呼ばれます．

▶運動している物体に働く運動摩擦

水平面上に置かれた物体の場合，この物体が運動を始めますと物体の運動が続く限り，物体は接触面の水平面から摩擦を受けます．この摩擦は運動摩擦と呼ばれます．このとき生じる摩擦力を F_{mf} としますと，F_{mf} は次の式で表されます．

$$F_{mf} = \mu' N \tag{4.19}$$

そして，このときに生じる摩擦係数 μ' は運動摩擦係数と呼ばれ，運動摩擦係数 μ' は静止摩擦係数 μ よりも小さくなります ($\mu' < \mu$).

実は，物体はそれが置かれている接触面で滑ることなく転がって運動することもありますが，このときにも物体には摩擦力が働きます．この摩擦はころがり摩擦と呼ばれます．ころがり摩擦力は接触面との滑りによって起こる摩擦に比べて相当に小さくなります．

ころがり摩擦係数の値が小さいという特徴は機械工学に実際に応用されていて，ボールベアリングや軸受けが作られています．最近の扇風機などは回転していてもほとんど音がしませんが，これは優れたボールベアリングや軸受けの技術の発展による恩恵であると言えます．ここで，摩擦の存在する水平面で運動する物体の運動方程式について少しだけ簡単に考えておきましょう．と言いますのは，摩擦が存在する状態では，水平方向 (これまで x 方向として扱ってきた) においても加速度を持つからです．なぜかと言いますと，摩擦力が式 (4.19) で表されますので，この摩擦力を力 F ($F = \mu'N$) とし，このときの (速度が減少する) 加速度を a として質量 m の物体の運動方程式を，ニュートンの第二法則にしたがって立てると，次の式ができます．

$$\boldsymbol{F} = \mu'\boldsymbol{N} = m\boldsymbol{a} \tag{4.20}$$

そして，垂直抗力 N は物体の重力の mg とつり合うので，$N = mg$ の関係があります．このことと，式 (4.20) の関係から，摩擦力の働く面上を運動している物体の水平方向 (横方向) の加速度 a が次のように求まります．

$$\mu'mg = ma \quad \rightarrow \quad |\boldsymbol{a}| = \mu'g \tag{4.21}$$

したがって，摩擦があるときには運動している物体は，水平方向 (これまでは，横方向とか x 方向として扱ってきた) においても加速度を持つことがわかります．摩擦力がなければ加速度の水平成分はもちろん 0 です．

▶斜面上に置かれた物体に起こる摩擦力

物体を斜面に置いた場合には，図 4.8 に示すようになり，この場合には物体との接触面に対する垂直効力 N は物体の重力の mg には等しくなりません．この場合には物体の重力 mg とつり合うのは図に示す記号 $\boldsymbol{R}$ で表される力で，こ

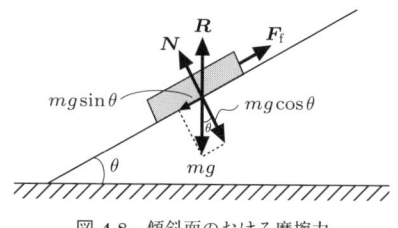

図 4.8 傾斜面のおける摩擦力

の力 R は垂直効力 N と摩擦力 F_f の合力になります.

しかし，この場合にも最大摩擦力 F_{fmax} は式 (4.18) で表されます．そして，垂直効力 N は図 4.8 に示すように，物体の重力 mg の分力とつり合います．斜面の傾斜角が図 4.8 に示すように θ の場合には，この分力は $mg\cos\theta$ となりますので，垂直抗力 N と分力の間には次の関係式が成り立ちます.

$$|\boldsymbol{N}| = mg\cos\theta \tag{4.22}$$

摩擦係数を μ とすると静止摩擦力 F_f は，$|\boldsymbol{N}|\mu$ となるので，次の式で与えられます.

$$|\boldsymbol{F}_f| = m\mu g\cos\theta \tag{4.23a}$$

いま，傾斜角度 θ の値が変更できる斜面を想定して，最大摩擦力 F_{fmax} の傾斜角依存性，すなわち θ 依存性を調べてみましょう．斜面の傾斜角 θ を 0 から次第に大きくしていき θ の値が θ_0 になったとき，斜面に置かれた物体が滑って動き出したとすると，このときの角度 θ_0 は，物体が静止して存在できる最大の傾斜角です．したがって，最大摩擦力 F_{fmax} は，式 (4.23a) を使って，次の式で与えられます.

$$|\boldsymbol{F}_{fmax}| = m\mu g\cos\theta_0 \tag{4.23b}$$

また，θ が θ_0 のときの物体が斜面を下る方向の力 F は図 4.8 に示すように，次のようになります.

$$|\boldsymbol{F}| = mg\sin\theta_0 \tag{4.24}$$

最大摩擦力 F_{fmax} と物体の斜面を下る方向の力 F とはつり合うので式 (4.23b) と式 (4.24) の右辺どうしを等しいとおくと，次の式ができます.

$$m\mu g\cos\theta_0 = mg\sin\theta_0 \tag{4.25}$$

したがって斜面に物体が静止したままで存在できる最大傾斜角 θ_0 を使って，式 (4.24) から静止摩擦係数 μ は，次の式で表されることがわかります．

$$\mu = \tan\theta_0 \tag{4.26}$$

┃**例題4.7**┃ 水平な路面を 42[km/h] の速度で走っていた車のエンジンをある地点で止めたところ，この車はその地点から 50[m] 走って止まりました．この車のタイヤと路面の間の摩擦係数はいくらになりますか？

[解答] 車は運動しているので，このときの摩擦は運動摩擦となります．ですから，摩擦係数として運動摩擦係数 μ' を求めることになります．この場合の加速度は減速の加速度ですが，これを a とすると a は $\mu'g$ となります．車がブレーキを掛けて止まるまでの運動は，車の走行速度を初速度 v_0 とし加速度を $\mu'g$ とする等加速度運動になるので，初速度 v_0 と走行距離 x に関して，次の二つの式が成り立ちます．

$$0 = v_0 - \mu'gt \tag{E4.4}$$

$$x = v_0 t - \frac{1}{2}\mu'gt^2 \tag{E4.5}$$

これらの二つの式 (E4.4) と式 (E4.5) から初速度 v_0 と走行距離 x の間に，$2\mu'gx = v_0^2$ の関係が得られるので，この関係から運動摩擦係数 μ' は，次の式で与えられます．

$$\mu' = \frac{v_0^2}{2gx} \tag{E4.6}$$

この式 (E4.6) に題意の $v_0 = (42\times 10^3[\text{m/h}])/(3600[\text{s/h}]) = 11.7[\text{m/s}]$，$x = 50[\text{m}]$，$g = 9.8[\text{m/s}^2]$ を代入すると，運動摩擦係数 μ' は，次のように計算できます．

$$\mu' = \frac{11.7^2[\text{m}^2/\text{s}^2]}{980[\text{m/s}^2]\times[\text{m}]} = 0.140$$

したがって，運動摩擦係数 μ' は約 0.14 と求まります．■

┃**例題4.8**┃ 傾斜角を変えることのできる斜面上に，質量が 10[kg] の物体 A を置いて斜面の角度を 0 度から徐々に大きくしていったところ，斜面の傾斜角が

30度になったときに，この物体Aが動き始めました．もしも，この斜面の傾斜角を0度にし，表面を水平にしてこの物体Aを置いた場合には，物体Aを動かすにはどの程度の力が必要ですか？

[解答] この問題では静止摩擦係数を求めることが課題を解く鍵になっています．静止摩擦係数 μ は，本文の式 (4.26) $\mu = \tan\theta_0$ で表されるので，この式に物体の動き始めた傾斜角の30度を代入すると，$\tan\theta_0 = 1/\sqrt{3}$ より，$\mu = 0.577$ となります．したがって，質量が10[kg]の物体の摩擦力 F_f は $F_\mathrm{f} = mg\mu$ となるので，この式に m と μ，それに g の値を代入して摩擦力 F_f は，$F_\mathrm{f} = 10[\mathrm{kg}] \times 9.8[\mathrm{m/s}] \times 0.577 = 56.5[\mathrm{kgm/s}] = 56.5[\mathrm{N}]$ と計算できます．この物体を動かすには摩擦力以上の力が必要なので，答えは56.5[N]以上の力となります． ■

演習問題

4.1 質量が200[kg]と100[kg]の物体AとBがあり，物体AとBはそれぞれ速度 $v_\mathrm{A} = 36[\mathrm{km/h}]$ と $v_\mathrm{B} = 75[\mathrm{km/h}]$ で運動している．物体AとBの運動量 p はそれぞれいくらか？

4.2 質量100[g]の物体が空を飛んでいたが，あるときから10秒間で運動量 p が1[kgm/s]から0.8[kgm/s]に変化した．この飛行物体には何が起こったと考えられるか？ また，この物体の飛行速度 v の変化はいくらか？

4.3 質量15[kg]の鉄の球が速度 $v = 15[\mathrm{m/s}]$ でコンクリートの壁に衝突し，跳ね返って5[m/s]の速度で逆方向にまっすぐに進んだ．鉄の弾の衝突で生まれた力積はいくらか？ また，衝突が起こったときに鉄の球が衝撃を受けた時間は0.05秒であった．このとき鉄の球が受けた力 F と加速度 a はいくらか？

4.4 質量1[kg]の物体Aの運動量 p が，あるとき極めて短い時間の0.01秒間に，100[kgm/s]から -80[kgm/s]に変化した．このときの物体の速度の変化および加速度を求めて，このとき物体に何が起こったかについて答えよ．

4.5 本文の図4.5と同じように，一直線に並んだ質量が500[g]の物体Aが速度10[m/s]で，質量が100[g]の静止している物体Bに衝突し，物体AとBは直進方向とそれぞれ $\theta_1(= 30\text{度})$ と $\theta_2(= 60\text{度})$ の方向に散乱して進行した．衝突後の物体AとBの速度 v_A と v_B はそれぞれいくらになったか？

4.6 同じ直線上を互いに反対方向に進んでいる速度が $v_1 = 10[\mathrm{m/s}]$ と $v_2 = 5[\mathrm{m/s}]$

の二つの質量の等しい物体 A と B が衝突した．このときの衝突の反発係数 e は 1 であった．衝突後の二つの物体 A と B の速度はいくらか？

4.7 傾斜角が 30 度の急な坂道にブレーキを掛けて停止している車がある．この車のブレーキをはずしたところ，車は走り始めて坂道の下まで 10 秒かかって走り降り，そこから平らな道を走り始めた．平らな道を走り始めた車の速度はいくらだったか？ ただし，車と坂道の運動摩擦係数は 0.2 とする．

Chapter 5

円運動,単振動,および天体の運動

この章では円運動に関連する問題をとりあげます.円運動は物体の基本的な回転運動で,直線運動にはない新しい性質を持つ (物体の) 運動です.回転運動には回転し続けようとする性質がありますが,この性質は回転運動の角運動量や角運動量保存の法則と密接な関係があります.回転運動に関連するものに単振動があるのでこれもとりあげます.また,天体の運動,ことに惑星の運動は引力によって維持されており,天体の運動は引力発見の起源とも関連して重要な課題ですので,引力を含め天体の運動を説明します.

5.1 等速円運動

▶円運動する物体の上に乗って生活しているわたしたち

「円運動している物体に乗って生活している」などと言うと,日頃,地球が回っていることなど忘れている私たちは「そんな馬鹿な! それでは毎日サーカスの演技をしているみたいではないか!」と驚きを禁じえません.しかし,よく考えてみると地球が太陽のまわりを回っているのは事実ですから,私たちの住んでいる地球は不思議に満ちた世界です.

さて,地球を不思議な天体に導いた円運動についてしっかりと初めから見てみましょう.円運動は,図 5.1 に示すように物体 A が中心点 O から一定の距離

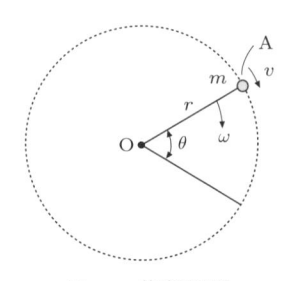

図 5.1 等速円運動

r を保ちながら,速度 v で中心点のまわりを回転する運動です.物体は回転しているので速度 v は回転速度になります.そして,回転速度 v が一定ならば,この円運動は等速円運動ということになります.

等速円運動では物体の回転が重要ですが,物体の回転では回転する角度と回転角の速度がポイントです.円運動の場合,図 5.1 に示すように物体 A が,中心点 O のまわりに回転する角度は回転角と呼ばれ,この表示には記号 θ (ギリシャ文字でシータと読む) が使われます.また,回転角 θ の単位時間あたりの変化は角速度と呼ばれ,この表示には記号 ω (ギリシャ文字でオメガと読まれる) が使われるのが普通です.また,θ と ω の単位にはラジアン [rad] および [rad/s] を使います.しかし,[rad] はしばしば省略します.

物体 A が中心点 O のまわりを時間 t だけ回転したとすると,回転角 θ と角速度 ω の関係は次の式で表されます.

$$\theta = \omega t [\mathrm{rad}] \tag{5.1}$$

また,円運動する物体 A の回転速度 $\boldsymbol{v}$ は角速度 ω と円の半径 r を使って,次のように表されます.

$$|\boldsymbol{v}| = \omega r [\mathrm{m \cdot rad/s}] \tag{5.2}$$

回転する物体では回転物体が円を 1 周する時間を周期と呼びますが,この周期を T で表すと,T は円周の長さ $2\pi r$ を物体の回転速度 v で割れば求まるので,次の式で表されます.

$$\begin{aligned} T &= \frac{2\pi r}{v} = \frac{2\pi r}{\omega r} [\mathrm{s}] \\ &= \frac{2\pi}{\omega} [\mathrm{s}] \end{aligned} \tag{5.3}$$

また,回転する物体の単位時間 (1 秒間) あたりの回転数は,これを n で表すと,n は単位時間に物体が進む距離 $v(\times 1[\mathrm{s}])$ を円周の長さ $2\pi r$ で割ればよいので,次の式で表されます.

$$\begin{aligned} n &= \frac{v}{2\pi r} [\mathrm{s}^{-1}] \\ &= \frac{\omega r}{2\pi r} = \frac{\omega}{2\pi} \left(= \frac{1}{T} \right) [\mathrm{s}^{-1}] \end{aligned} \tag{5.4}$$

ですから，式 (5.4) に括弧の中に示しましたが，回転数は回転の周期 T の逆数に等しくなります．

次に，回転運動の加速度を求めることを考えます．加速度を求めるためには回転運動を表す座標系を決めて，回転運動を各成分に分けて考えるのがわかりやすので，回転座標に x-y 直交座標を使って回転成分を表すことにします．

すると，回転成分の x 成分と y 成分は図 5.2 に示すようになります．物体 A の座標位置を，図 5.2 に示すように x, y とすると，x, y はそれぞれ次の式で表されます．

$$x = r\cos\theta = r\cos\omega t \tag{5.5a}$$

$$y = r\sin\theta = r\sin\omega t \tag{5.5b}$$

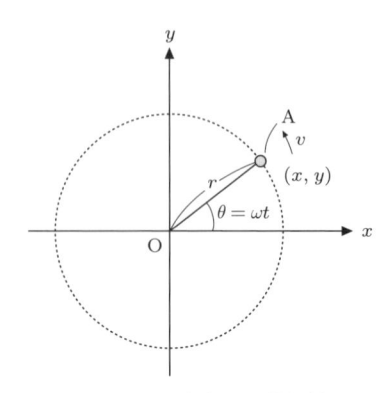

図 5.2　x-y 平面の円運動と座標

ここではまず回転速度の x 成分と y 成分を求めることにします．これには式 (5.5a,b) で表される回転の位置座標を時間 t で微分する必要がありますので，これを実行すると速度 v の x 成分 v_x と y 成分 v_y として，次の式が得られます．

$$v_x = \frac{dx}{dt} = -r\omega\sin\omega t \tag{5.6a}$$

$$v_y = \frac{dy}{dt} = r\omega\cos\omega t \tag{5.6b}$$

この答えが正しいかどうか確かめてみましょう．円運動の回転速度 v とこれらの x 成分 v_x および y 成分 v_y との関係は，$v^2 = v_x^2 + v_y^2$ となるので，この

式に式 (5.6a,b) の v_x と v_y を代入すると，次のようになります．

$$|\boldsymbol{v}|^2 = (-r\omega \sin \omega t)^2 + (r\omega \cos \omega t)^2$$
$$= r^2\omega^2 \left(\sin \omega t^2 + \cos \omega t^2\right) = r^2 \omega^2 \quad \rightarrow \quad |\boldsymbol{v}| = r\omega \qquad (5.7)$$

回転方向は正方向として v の値を正とし，式 (5.7) の右側の式ではマイナス符号は削除しました．以上の結果，式 (5.7) は式 (5.2) と同じになり，速度 v の x 成分 v_x および y 成分 v_y を表す式 (5.6a,b) は正しいことが確認できました．

円運動の回転速度 v が決まったので，次に当初の目的の回転運動の加速度 $\boldsymbol{a}$ を求めましょう．加速度 a は速度 v を時間 t で微分すれば得られるので，式 (5.6a,b) を時間 t で微分すると加速度の x 成分 a_x および y 成分 a_y は，次のようになります．

$$a_x = \frac{\mathrm{d}^2 x}{\mathrm{d}t^2} = -r\omega^2 \cos \omega t \qquad (5.8a)$$

$$a_y = \frac{\mathrm{d}^2 y}{\mathrm{d}t^2} = -r\omega^2 \sin \omega t \qquad (5.8b)$$

これらの式 (5.8a,b) の加速度成分の式を見ると，x 成分の a_x も y 成分の a_y もともにマイナスになっています．この原因を調べてみましょう．加速度 $\boldsymbol{a}$ は大きさと方向を持つベクトル量ですので，x 成分の a_x も y 成分の a_y も共にベクトル量です．そして，x 成分の a_x と y 成分の a_y を図 5.3 に示すように合成したものが加速度 $\boldsymbol{a}$ になっています．

したがって，$\boldsymbol{a}$ と a_x および a_y の大きさは，$\boldsymbol{a}$ を斜辺とする直角三角形の各

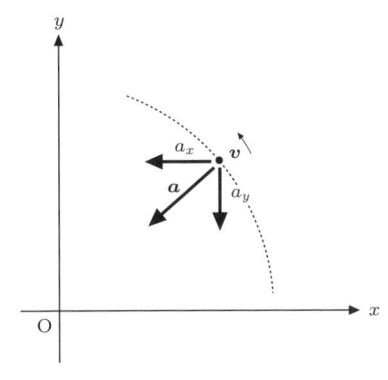

図 **5.3** 円運動の加速度

辺の長さを表しますので、ピタゴラスの定理によって、$a_x^2 + a_y^2 = a^2$ の関係が成り立ちます。この関係に式 (5.8a,b) の a_x と a_y を代入すると、a^2 は次のようになります。

$$a^2 = a_x^2 + a_y^2 = r^2\omega^4\left(\sin^2\omega t + \cos^2\omega t\right) \quad \rightarrow \quad a = -r\omega^2 \tag{5.9a}$$

ここで、加速度 $\boldsymbol{a}$ の前にマイナス符号を付けたのは、図 5.3 を見ればわかるように、加速度を表すベクトル $\boldsymbol{a}$ は原点 O の方向を向いており、方向としてはマイナス方向になるからです。なお、角速度 ω は回転速度 v との間に式 (5.2) の関係があるので、この関係を使うと、加速度 $\boldsymbol{a}$ は回転速度 v を使って、次の式でも表されることがわかります。

$$a = -r\omega^2 = -r\left(\frac{v}{r}\right)^2$$
$$= -\frac{v^2}{r} \tag{5.9b}$$

この結果、原点 O を中心として回転している物体には原点方向、すなわち中心方向を向く加速度が生じることがわかります。したがって、原点の中心にして回転する物体には、この中心方向を向く加速度によって、中心方向を向く力 $\boldsymbol{F}$ が加わります。これを式で表しますと、回転する物体に働く力 $\boldsymbol{F}$ は、式 (5.9a,b) で表される加速度を使って、次の式で表されます。

$$|\boldsymbol{F}| = ma = -mr\omega^2 \tag{5.10a}$$
$$= -\frac{mv^2}{r} \tag{5.10b}$$

円運動する回転物体にはこのように中心方向に向く力が働きますが、この力 $\boldsymbol{F}$ は向心力とか求心力と呼ばれます。俗説では、回転する物体には外向きの遠心力が働くとよく言われますが、静止座標系において回転運動する物体には遠心力は働きません。このことには納得できない人もいると思われるので、補足 5.1 に簡単に説明しておきます。なお、静止座標系は時間が経過しても、観測者に対して相対的に位置を変えない座標系を表しています。

▌例題5.1▐ 半径 r が 4[m] の円の円周を 12[m/s] の速度 v で円運動している物体があります。この物体は 1 秒間に何回原点のまわりを回っていますか？

5.1 等速円運動

◆ **補足 5.1　静止座標系で回転する物体には遠心力は働かない！**

円運動には外向きの遠心力が働くとよく言われます．たとえば紐におもりを付けてこれを身体のまわりで回転させるような円運動では，図 S5.1 に示すように，紐が切れるとおもりは外に飛び去りますが，これはおもりに遠心力が働いているためだとある人は説明します．しかし，おもりの飛びさる方向は，図 S5.1 に示すように，円軌道の接線方向であって，紐の延長方向の外向きではありません．

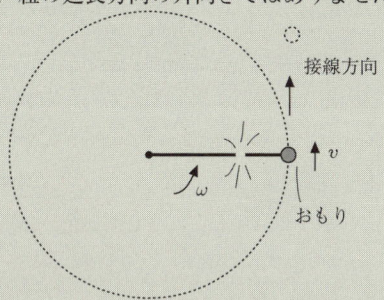

図 S5.1　おもりは接線方向に飛び去る

そして，紐が切れたときにおもりが接線方向に飛ぶのは，運動しているおもりに中心方向の力が働かなくなるので，紐が切れる瞬間におもりが運動している方向 (接線方向) に慣性に従って進行して (運動して) いるだけです．ニュートンの運動の第 3 法則 (作用・反作用の法則) によって反作用が働きますので，紐には外向きの力が加わりますが，おもりには外向きの力は働きません．

ただ，遠心力は全く働かないわけではなく，運動座標系や回転座標系から見ると遠心力は反作用ではなく，物体に働く力ですが，力を生み出す主体が存在しないので，仮想的な力または慣性力と呼ばれています．だから，重力のような本当の力とは区別されています．しかし，回転座標系では遠心力が存在するように見えるので，力が存在すると解釈されています．なお，時間の経過とともに，観測者に対して相対的に動く座標系が運動座標系と呼ばれています．例えば，列車内に固定した座標系は，列車内の観測者に対しては静止座標系ですが，地面に立っている観測者に対しては運動座標系です．

［解答］回転半径 r が $4[\mathrm{m}]$ なので，円周の周囲の長さは $2\pi r = 2 \times 3.14 \times 4[\mathrm{m}] = 25.1[\mathrm{m}]$ となり，物体の回転速度 $v = 12[\mathrm{m/s}]$ をこれで割って，回転回数 n は $n = 12[\mathrm{m/s}]/25.1[\mathrm{m}] = 0.478[\mathrm{s}^{-1}]$ となります．回転回数が毎秒 0.478 回なので，この物体は 2 秒で約 1 回転していることがわかります．もちろん，本文の回転数 n の式 (5.4) を使っても，$n = \omega/2\pi = 3/2\pi[\mathrm{s}^{-1}] = 0.478[\mathrm{s}^{-1}]$ と求め

られます.

┃例題5.2┃ 半径 r が 5[m] の円の周りを 10[m/s] の速度 v で回転している質量 m が 100[g] の物体があります.この物体の角速度 ω,加速度 a,および回転運動によって物体に加わる力 F を求め,結果について説明して下さい.

[解答] 円運動の回転速度 v は式 (5.2) で与えられるので,これを使うと角速度 ω は $\omega = v/r$ となります.角速度 ω の値はこの式に回転速度 v と回転半径 r の値を代入して $\omega = 10[\text{m/s}]/5[\text{m}] = 2[\text{s}^{-1}]$ と求まります.また,同様に加速度 a は式 (5.9a) を使って,$a = -r\omega^2 = -5[\text{m}] \times (2[\text{s}^{-1}])^2 = -20[\text{m/s}^2]$ となります.そして,物体に加わる力 F は $F = ma = -mr\omega^2$ となるので,求めた角速度 ω の値を使って $F = -mr\omega^2 = -0.1[\text{kg}] \times 20[\text{m/s}^2] = -2[\text{kgm/s}^2]$ と求まります.なお,力 F は中心を向いています.

この物体は $2[\text{s}^{-1}]$ の角速度 ω で円運動しているので,原点のまわりを回転していますが,このために物体には中心方向に $a = -20[\text{m/s}^2]$ の加速度が働いているので,中心方向に働く向心力として $F = ma = -2[\text{kgm/s}^2]$ の力が働いています.

5.2 単 振 動

5.2.1 円運動と単振動

単振動は調和振動とも呼ばれる運動です.そして,単振動の代表例は,ばねの付いたおもりの運動です.バネ付きのおもりの運動については次の 5.2.2 項で説明することにし,ここでは単振動と円運動との関係に注目して,単振動を円運動と関連させて説明します.と言うのは,円運動から単振動に入ることによって,二つの分野で類似な単語,たとえば,単振動の角振動数 ω (円運動では角速度) や単振動の周期 (同じく周期) T の意味がよくわかり,単振動の理解に役立つからです.

さて,単振動と円運動の関連でよく言われていることですが,図 5.4 に示すように,円運動している点状の物体の横にスクリーンを置いて,反対側の横か

5.2 単振動

スクリーン位置

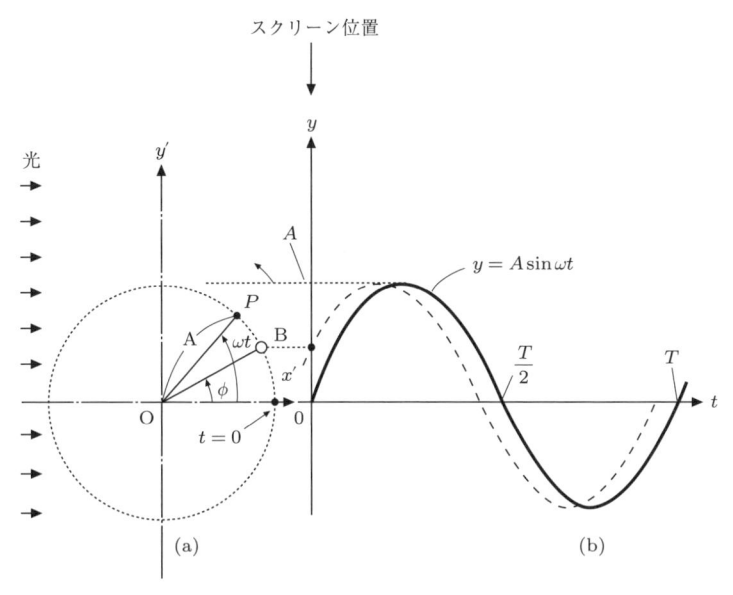

図 5.4 単振動

ら光を照射すると，円運動する物体，これを点 P とすると，点 P の影絵がスクリーン上に描きだされます．このスクリーン上の影絵の動きが，点物体 P が単振動するときの動きを表しているのです．

スクリーン上の (運動する物体) 点 P の影絵の動きは上下運動で，上下方向を y 軸とすると，この点 P の座標は前節の 5.1 節で説明した y 成分で表されます．したがって，点 P の影の座標は前節の記述の式 (5.5b) に従って，振幅を A として次の式で表されます．

$$y = A \sin \omega t \tag{5.11a}$$

この式 (5.11a) は時間 t の関数になっているので，横軸に時間軸をとり，縦軸を y 軸にとると，図 5.4 に示すように描けます．ですから，点物体 P の影絵はサインカーブに従って y 軸上を上下運動しているのです．

単振動では式 (5.11a) において A は単振動の振幅，ω は角振動数と呼ばれます．円運動では ω は角速度と呼ばれていました．図 5.4 に示す円運動では物体 P の始点は横軸の x' 軸と円が交わる点から始まっているので，図 5.4 のサインカーブは y 軸上の 0 点から始まっています．

しかし，もしも円運動する物体 P が，x' 軸から離れた円周上の点 B から始まるとすると，影絵の始点は図 5.4(b) の y 軸上の O 点より上の箇所から動き始めます．したがって，このときのサインカーブは破線に示すように実線のサインカーブよりも左側にシフトします．このシフト量は図 5.4(a) に示す円運動で直線 OB と x' 軸とのなす角度 ϕ になり，この角度 ϕ は初期位相角と呼ばれます．そして，破線で表されるサインカーブの y 座標はこの初期位相角 ϕ を使って，次の式で表されます．

$$y = A\sin(\omega t + \phi) \tag{5.11b}$$

また，単振動の周期はサインカーブの周期になるので，周期を T とすると T は ωt の値が 2π に等しくなるときの時間に等しくなります．したがって，$2\pi = \omega T$ の関係より周期 T は $T = 2\pi/\omega$ となり，前節で示した式 (5.3) で表されることがわかります．

単振動の速度は図 5.4 に示したスクリーン上，つまり y 軸上を上下する運動で表されるので，この運動の速度 v は式 (5.11a) で表される変位 (位置座標) y を時間 t で微分すれば得られます．実行すると単振動の速度 v は，次のようになります．

$$v = \frac{dy}{dt} = A\omega \cos \omega t \tag{5.12a}$$

式 (5.12a) で表される速度 v は，式 (5.11a) で表される変位 (位置座標) のサイン関数とは異なってコサイン関数になっているので，位相が $\pi/2$ だけ変化しています．したがって，式 (5.12a) の速度 v は，次の式によっても表すことができます．

$$v = A\omega \sin\left(\omega t + \frac{\pi}{2}\right) \tag{5.12b}$$

単振動の変位 y と速度 v の関係は，二つの式 (5.11a) と式 (5.12b) を比較すればわかるように，変位 y は ωt の値が 0 のとき ($\sin \omega t$ の値は 0 ですから) 0 になりますが，このとき速度 v は $A\omega$ になってプラス符号で最大値をとります．

これに対して変位 y の値は ωt の値が $\pi/2$ のとき $\sin \omega t$ が 1 になって，プラス符号の最大値をとりますが，このとき速度 v の値は式 (5.12b) に $\omega = \pi/2$ を代入すると $\sin \pi$ が 0 になるので，0 になってしまいます．さらに ωt の値が $3\pi/2$

のときは $\sin\omega t$ が -1 になって，変位の y の値はマイナス符号の最大値をとります．しかし，このとき速度の v の値は，式 (5.12b) に従って $\sin 2\pi$ となるので 0 です．これらの現象はすべて，変位 y と速度 v の間に $\pi/2$ の位相のずれが存在することによって起こっていることに注目すべきです．

次に単振動の加速度ですが，加速度 a は式 (5.12a) の速度 v の式を時間 t で微分すれば求まるので，実行すると単振動の加速度 a として，次の式が得られます．

$$a = -A\omega^2 \sin\omega t \tag{5.13a}$$

加速度 a にマイナス符号が付きましたが，これは速度 v に対して位相が $\pi/2$ ずれたために起こっています．

加速度 a の位相は変位 y の位相と π だけずれているので，加速度 a の式を変位 y の元の位相を基準 $(=0)$ にして式で表すと，次のようになっています．

$$a = A\omega^2 \sin(\omega t + \pi) \tag{5.13b}$$

サイン関数は位相が π ずれるごとに符号は変わりますが絶対値は変わらないので，変位 y の値が大きくなるとき加速度 a の絶対値の値が大きくなることがわかります．

そして，このとき速度 v の値の絶対値は小さくなるが，このとき加速度の絶対値が大きくなっているので，速度 v の変化は大きいことがわかります (動いていたものが一瞬止まる座標位置になっている)．加速度 a の式 (5.13a) は，$A\sin\omega t$ に式 (5.11a) の変位 y の式を使うと，次の式になります．

$$a = -y\omega^2 \tag{5.14}$$

┃例題5.3┃ いま，時刻 t における変位 (位置座標) y が，$y = \sin 12\pi t$ で表される単振動があるとします．この単振動の角振動数 ω と周期 T を求めて下さい．

［解答］初期位相が 0 のときには単振動の振幅 y は $y = \sin\omega t$ の形で表されるので，二つの式を比較して $\omega = 12\pi$ の関係が得られます．したがって，角振動数 ω は $\omega = 12 \times 3.14 [\text{s}^{-1}] = 37.7 [\text{s}^{-1}]$ となります．また，周期 T は $T = 2\pi/\omega$ となるので，$T = 2 \times 3.14/(12 \times 3.14 [\text{s}^{-1}]) = 1/6 = 0.167 [\text{s}]$ と求まります．

5.2.2 単振動とフックの法則

フック (R. Hooke, 1935〜1703) はニュートンと同時代に活躍した天才的な科学者で,生物(細胞の命名者),物理,建築と多方面で活躍しました.フックはここで述べるフックの法則のほかに,グレゴリー式反射望遠鏡を作ったり,光の屈折の研究,さらには重力が逆二乗の法則に従うことに気づいたりした天才科学者でした.

だから,イギリスの歴史家の一人は彼のことをイングランドのレオナルド・ダ・ヴィンチとさえ言っています.しかし,彼の生きた時期がニュートンの活躍した時代と重なっていました.そして重力の研究などに関して,彼は激しくニュートンと競い合いましたが負けました.同時代にニュートンのような大天才がいたことが彼を不幸にしたのかもしれません.

さて,フックの法則ですが,これはばねの伸びが荷重に正比例するという法則です.厳密にはこの法則は弾性限界以下のばねなどの弾性体に限って近似的に成り立つ法則です.しかし,フックの法則は弾性体の性質を持つ多くの物体に対して成り立つ法則なので,実際上は非常に重要なものです.

フックの法則を,数式を使って次の式で表されます.

$$F = kx \tag{5.15}$$

ここで,F はばねに加わる力,x はばねの伸び量で,ばねの変位になります.そして,k はばね定数と呼ばれる定数です.

実は前の 5.2.1 項において単振動に加わる加速度は式 (5.14) で表されると述べましたが,この (5.14) で表される加速度 a を使うとフックの法則が得られるのです.前項では単振動の変位は,円運動との関係から記号 y で表したが,フックの法則では変位の記号に慣例として x が使われるので,ここでは式 (5.14) の y を x と読み変えて使うことにします.

式 (5.14) において y を x に読み換え(置き換え)ると,加速度 a は次の式で表されます.

$$a = -\omega^2 x \tag{5.16}$$

質量 m の物体に式 (5.16) で表される加速度 a を加えると,ニュートンの第二

法則に従って，次の式で表される力 F が生まれます．

$$F = ma = -m\omega^2 x \tag{5.17}$$

ここで，$-m\omega^2$ は角振動数 ω が一定ならば定数になるので，一定の定数 k とおくと，この式 (5.17) は式 (5.15) に等しくなり，フックの法則と同じになります．したがって，前項で述べた単振動はばねの振動 (運動) に結び付くことがわかります．

ばねを使った単振動は，図 5.5 に示すように壁の側面などに固定したばねの先に付けたおもりの振動として表されます．この図において，力が加わらないときのばねの長さは，図 5.5 に示すように自然長と呼ばれます．力を加えて引っ張るとばねは伸びますが，その伸び量を x で表し，この x はばねの変位と呼ばれます．

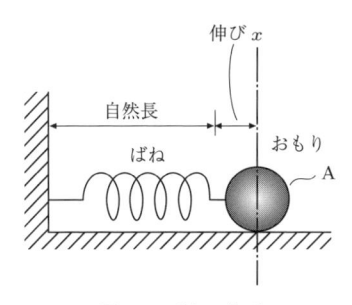

図 5.5 ばねの伸び

式 (5.16) では加速度 a にマイナス符号が付いていますが，力 F の正負の符号には任意性があるので，正負の符号を無視することにして，この式 (5.15) と式 (5.17) を比較してみます．すると，ばね定数 k と $m\omega^2$ の間には，次の関係が成り立つことがわかります．

$$k = m\omega^2 \tag{5.18}$$

この関係式 (5.18) より単振動の角振動数 ω は，次の式で表されることがわかります．

$$\omega = \sqrt{\frac{k}{m}} \tag{5.19}$$

また，周期 T は ω としてこの式 (5.19) の $\sqrt{k/m}$ を使うと，次の式で表されます．

$$T = \frac{2\pi}{\omega} = 2\pi\sqrt{\frac{m}{k}} \tag{5.20}$$

以上の結果，ばねのようなフックの法則が成り立つ弾性体に力を加えると，弾性体は単振動を始めることがわかります．弾性体で起こる単振動の角振動数 ω はばね定数 k と質量 m の比 k/m の平方根で与えられます．また，周期 T も両者の比の平方根で求まりますが，角振動数 ω と周期 T の間では，ばね定数 k と質量 m の分子と分母の位置が逆になることに注意する必要があります．

5.2.3 単振動の応用

▶単振り子は振り子時計の原理

単振動は多くの弾性体において，これらに力が加わった場合に見られる現象ですが，この現象は実際の計器にも応用されています．その一つは振り子時計です．振り子時計の原理には単振り子の原理が使われているので，ここで単振り子を見てみましょう．

単振り子は図 5.6 に示すような構成で，紐に付けたおもりが原点 O を中心に，左右に振動するようになっている単振動の一種です．図 5.6 では長さ l の紐の先 A に質量が m のおもりが付いており，おもりの反対側の紐の先端は天井の適当な位置 D に図に示すように固定してあります．

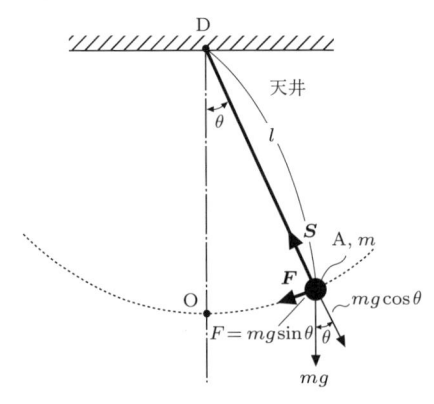

図 5.6 単振り子

5.2 単振動

いま，図 5.6 に示すように，天井の点 D と原点 O までの線分 DO となす角度が θ になるまで，紐 DA の先端に付けたをおもりを持ち上げたとします．このとき，おもりには紐の張力 S とおもりの重力 mg が加わります．紐の張力 S は紐の延長方向に加わる力 $mg\cos\theta$ とつり合っています．また円の接線に沿っては原点 O の方向に向く力 F が働きます．

おもりの付いた紐 DA が鉛直方向となす角は θ となるので，円周上においておもりに加わる力 F とおもりの重力 mg のなす角は $\pi/2 - \theta$ となります．したがって，原点方向に向く力 F は，次の式で表されます．

$$F = -mg\cos\left(\frac{\pi}{2} - \theta\right) = -mg\sin\theta \tag{5.21}$$

ここで，図 5.6 において OA の円弧の長さを x とすると，x は $x = l\theta$ となります．また，θ の角度が小さいときは $\sin\theta$ は θ に近似できて，$\sin\theta \fallingdotseq \theta$ の関係が成立するので，式 (5.21) はこの関係を使うと，次の式になります．

$$F = -mg\sin\theta = -mg\theta \tag{5.22}$$

さらに，上に説明した $x = l\theta$ の関係を使うと，式 (5.22) より次の式が得られます．

$$F = -mg\frac{x}{l} = -\frac{mg}{l}x\,[\text{N}] \tag{5.23}$$

この式 (5.23) は単振動に加わる力 F の式 (5.17) と同じ形になっているので，これらの二つの式 (5.23) と式 (5.17) を比較すると，角振動数 ω が次の式で表されることがわかります．

$$-\frac{mg}{l} = -m\omega^2 \quad \to \quad \omega = \sqrt{\frac{g}{l}} \tag{5.24}$$

したがって，単振り子が振動するときの振動の周期 T は，式 (5.3) の $T = (2\pi/\omega)\,[\text{s}]$ の関係式を使って，次の式で与えられることがわかります．

$$T = \frac{2\pi}{\omega} = 2\pi\sqrt{\frac{l}{g}}\,[\text{s}] \tag{5.25}$$

▶振り子時計は単振り子の等時性を使っている

振り子時計では，文字盤の下で左右に振動するおもり付きの棒 (振り子) が，常に等しい時間で往復する現象が上手に使われています．この現象は振り子の

等時性と呼ばれますが，式 (5.25) で表される単振り子の周期 T の式を見ると，周期 T は振り子の長さ l と重力加速度 g にのみ依存していて，振り子のおもりの質量 m や振り子の振幅 (横方向の振れ幅) には一切依存していません．

ですから，振り子の長さ l を適当に決めさえすれば，振り子の振動周期をある一定の値に決めることができます．この単振り子の等時性は時 (の進み) を正確に刻むので，時計として使えるというわけです．もちろん，単振り子の振動数 ω も周期 T から，一定の値に決めることができます．

┃例題5.4┃ 100[N] の力を加えると 10[cm] 伸びるおもり付きのばねがあります．おもりの質量は 100[g] です．ばね定数 k を求めると共に，おもり付きばねが単振動するときの角振動数 ω と周期 T を求めて下さい．

[解答] フックの法則の式 $F = kx$ を使うと，ばね定数 k は $k = F/x$ $= 100[\text{kgm/s}^2]/0.1[\text{m}] = 1000[\text{kg/s}^2]$ と求まります．また，$F = ma$ の関係を使って，加速度 a は $a = F/m = 100[\text{kgm/s}^2]/0.1[\text{kg}] = 1000[\text{m/s}^2]$ となります．さらに，加速度 a と角振動数 ω の関係を表す式 (5.16) $a = \omega^2 x$ を使って，角振動数 ω は，$\omega^2 = a/x = 1000[\text{m/s}^2]/0.1[\text{m}] = 10^4[\text{s}^{-2}]$，$\omega = 10^2[\text{s}^{-1}]$ となります．また，周期 T は $T = 2\pi/\omega$ の関係より，$T = 2 \times 3.14/(100[\text{s}^{-1}]) = 0.0628[\text{s}]$ と求まります． ∎

5.3 角運動量と角運動量保存の法則

5.3.1 回転運動と慣性

誰でもが知っているように地球は自転することによって朝，昼，晩 (夜) があり，太陽のまわりを公転することによって，春夏秋冬が巡ってきます．では，この自転と公転はどのように定義されているのでしょうか？ これをまず見てみましょう．

実は，物体の回転運動は，大きく分けて 2 種類の回転に分けられます．回転の軸が回転物体の内部にあるときは，この回転は自転と呼ばれます．一方，回転軸が物体の外部にあるときは，そのような回転は公転と呼ばれます．なるほど地球の自転では確かに回転軸が地球の内部にあるし，地球の公転では公転の

中心は太陽ですから回転軸は外部にあるので納得です.

そして，軸を中心にして回転している物体は，外部から回転運動を乱すような作用が働かない限り，同じ回転を続けようとする性質を持っています．もちろん，回転していない物体はそのまま回転しないでいようとする性質を持っています．これはちょうど静止している物体がそのまま静止し続けようとし，運動している物体が運動し続けるという慣性の法則と似ています．そして，回転運動の変化を妨げる物体の性質は回転の慣性と呼ばれます．

回転による力に関する用語に力のモーメントとかトルクがあります．トルクは力のモーメントの別名ですが，7章で述べる剛体の回転運動などではトルクがよく使われます．そして，回転している物体の回転状態を変化させるのが難しい物体は慣性モーメントが大きいと言われます．慣性モーメントについては次項で説明しますが，簡単には，慣性モーメントは回転の変化を妨げる性質ですが，これは質量の塊と回転軸の距離が大きくなると増加します．詳しくは質量の分布が関係します．

5.3.2 力のモーメントと慣性モーメント
▶力のモーメントは腕の長さと力の掛け算

回転運動における力のモーメントは物体が直線運動する場合の力に相当します．運動量と力積の関係で説明したように，力は物体の運動を変化させますが，力のモーメントは物体の回転運動の状態を変化させます．

静止物体を動かすには力が必要ですが，物体を回転させるには物体にトルクを加える必要があります．トルクは力のモーメントのことですから，物体の回転には力のモーメントが必要なのです．力のモーメントは簡単には腕の長さと力の積で表されますが，厳密には次のように定義されています．

すなわち，まず図5.7に示すように，ある点Oから長さがlよりわずかに長い棒があるとします．そして，点Oからlの距離の位置Pに，棒に垂直に力Fを加えたとします．ここでは力Fと長さlの積Flを考えますが，このとき反時計回りに力を加えた場合はプラス符号を付けて$+Fl$，時計方向に力を加えたときはマイナス符号を付けて$-Fl$としたものが，点Oのまわりの力のモーメントと呼ばれるものです．

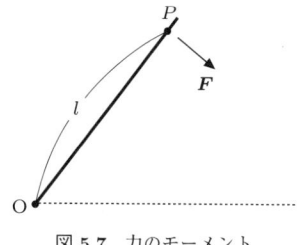

図 5.7 力のモーメント

力のモーメントは物体の安定状態も表します．いま，図 5.8 に示すように，2 人の子供がシーソーの左右に乗って遊んでいるとしましょう．図 5.8 のシーソーにおいて左に乗っている子供の質量が $10m$，右に載っている子供の質量が $20m$ であったとします．そして，左の子供はシーソーの中央から l_1 の距離に座り，右の子供は l_2 の距離に座っていたとしましょう．

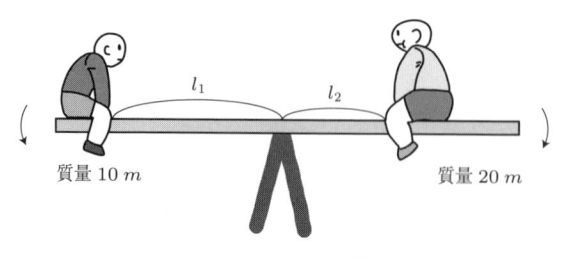

図 5.8 シーソーの運動

すると，左の子供による力のモーメントは反時計周りで正，右の子供による力のモーメントは時計回りで負になるので，それぞれの力のモーメントは，$+10mgl_1$ と $-20mgl_2$ になります．これら二つの力のモーメントを加えると，次のようになります．

$$+10mgl_1 + (-20mgl_2) = 10mg(l_1 - 2l_2) \tag{5.26}$$

したがって，この式 (5.26) より，$l_1 - 2l_2 = 0$ の関係が成り立つときは二つの力のモーメントを加えた力の合成モーメントの値は 0 になります．このとき時計回りと反時計回りにシーソーが回転しようとする力のモーメントがつり合って，シーソーは平衡状態を保ちます．

▶長い竿は慣性モーメントが大きい

慣性モーメントは物体の回転状態が変化することを妨げようとする性質ですが，このことも含めて慣性モーメントを理解するにはサーカスの芸人が使う長い竿が参考になります．というのはサーカスの芸人は空中に張られた綱の上を歩く綱渡りに，図 5.9 に示すように，長い竿を使います．綱渡り芸人は長い竿を持つことによってうまく綱渡りができることを知っているからです．この理由は長い竿の大きな慣性モーメントに隠れています．これは次のように説明されます．

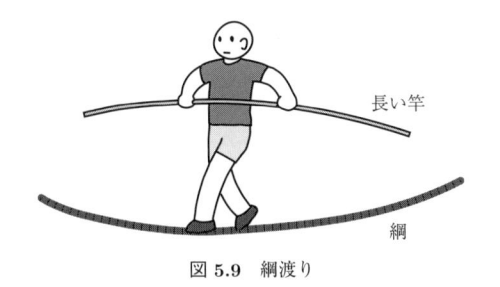

図 5.9 綱渡り

長い竿の質量は竿の各部分を構成する質量素片をすべて加えたものになりますが，質量素片は竿の長さ方向に細長く分布しています．ですから，質量素片は綱渡り芸人が握っている竿の中央の位置 (中点) から離れた位置にも多く分布していますので，竿を持つ芸人の慣性モーメントが大きくなるのです．

このことは次に示す慣性モーメントを表す数式を見るとわかります．すなわち，慣性モーメントを I で表しますと慣性モーメント I は，次の式で表されます．

$$I = \sum m_i r_i^2 \tag{5.27}$$

ここで，いまの竿を持つ芸人の場合で考えますと，m_i は竿を構成する各部分の質量素片です．この式 (5.27) では，r_i は竿の中央の点 (中点) からの距離を表しています．

竿の場合には m_i は竿の各部分の質量素片だから一定ですが，r_i は竿の両端の近くでは大きな値になります．したがって，r_i の二乗 r_i^2 の値は大きくなるので，この r_i^2 と質量素片 m_i の積 $m_i r_i^2$ の値は大きくなります．式 (5.27) に

従って，これらの積 $m_i r_i^2$ を竿の長さ方向にわたってすべて加え合わせたものが慣性モーメント I になるので，長い竿を持つ綱渡り芸人は大きな慣性モーメント (の値) を持つことがわかります．

慣性モーメントの大きい人の綱渡りがなぜ容易になるかというと，竿を持った綱渡り芸人が左右にぐらつこうとすると，竿は回転を始めなくてはならなくなるからです．つまり，竿は (回転運動を始めるので) 回転運動の状態が変化しなければなりません．

しかし，大きな慣性モーメントが竿の回転運動の状態が変化することを妨げようとします．ですから，綱渡り芸人が綱の上でぐらつきかけても，容易には左か右には傾かないので，綱渡り芸人は時間的な余裕を持って綱を渡る態勢を整えることができるのです．つまり，芸人は綱の上でバランスをとりやすくなるのです．この結果，綱渡り芸人は長い竿を持たないときよりも竿を持った方が空中に浮かぶ綱の上を歩きやすくなるのです．

もしも，持つ竿がない場合には，両手を横幅一杯に拡げて綱渡りすると，同様な理由で綱渡りする人の (身体の) 慣性モーメントの値が増えるので，そうしないときよりも容易に綱渡りすることができるのです．

5.3.3 角運動量と角運動量保存の法則
▶角運動量は回転運動の大きさを表す

回転運動している物体は角運動量というもの (物理量) を持っています．角運動量は直線運動している物体が持つ運動量としばしば対比されます．角運動量は運動量 p $(= mv)$ に運動半径 r を掛けたものですが，この距離 r にはしばしば物体の原点からの距離 r が使われます．角運動量を l で表しますと，角運動量 l は次の式で表されます．

$$\bm{l} = \bm{p} \times \bm{r} \tag{5.28}$$

この式 (5.28) から，角運動量 l は運動量 p にも依存しますが，回転半径 r が大きくなると，その値が大きくなります．だから，大きい半径 r の円を回って回転運動している物体の角運動量は，小さい円を回る回転運動よりも角運動量が大きくなります．地球と月の回転運動を比較すると，地球の質量は月よりも

大きく，地球と月はそれぞれ，太陽と地球の周りを回転運動しているので，地球の回転半径の方が月の回転半径よりも大きい．したがって，地球の角運動量は月のそれより大きく，地球は月よりも大きな回転運動をしていることになります．

これらの例からわかるように，回転運動している物体の角運動量の大きさは回転運動の運動量 p と回転半径 r に依存します．角運動量は簡単には回転運動の大きさを表すものといえます．

▶ **角運動量は力のモーメントを加えない限り一定である：角運動量保存の法則**

回転運動している物体の角運動量 l は回転運動している物体に力のモーメントを加えない限り変化しません．これは運動している物体の運動量 p が力 F を加えない限り変化しないことと対比できます．このことを言い換えますと，回転運動している物体は力のモーメントを加えない限り角運動量は一定に保たれる，と言う角運動量保存の法則が成り立つことを示しています．

角運動量保存の法則は簡単には式 (5.28) の l が一定であるということですが，詳しくは次の回転運動の方程式を使って表すことができます．

$$\frac{d\boldsymbol{l}}{dt} = \boldsymbol{r} \times \boldsymbol{F} \tag{5.29}$$

この式の右辺は力のモーメントを表しますので，回転している物体に力のモーメントが働かないならば，右辺は 0 になります．ですから，この式の左辺も 0 になりますので，角運動量 l の時間微分は 0 になります．すると，角運動量 l は定数になり一定になることがわかります．

このことから，角運動量保存の法則は次のように定義されています．すなわち，外部から回転している物体に加わる力のモーメントまたは力のモーメントの和が 0 である限り，任意の点のまわりの角運動量は時間によって変化しない，となっています．

▶ **自転車が倒れないのは角運動量保存の法則のお陰**

角運動量保存の法則は初学者にとってはわかりにくくて馴染みにくい法則ですので，ここで身の回りの面白い例をあげて説明することにします．一つは自転車が 2 輪車なのになぜ倒れないか？という問題です．

私たちは自転車を何の不思議もなく乗りまわしていますので，走っている自

転車は当然倒れないと信じています．しかし，走っている自転車がなぜ倒れないか？と不意に聞かれると返事に窮して戸惑います．ちょっと考えると不思議だからです．しかし，ここで学んだ角運動量保存の法則を使うと，この不思議はたちどころに解消します．

なぜかというと，走っている自転車が倒れようとすると，倒れる方向は自転車の車輪が回転運動している方向とは異なりますので，車輪がさらに傾くには車輪は回転運動の状態を変化させなければなりません．しかし，車輪の回転運動には角運動量保存の法則が成り立つので，車輪には角運動量が一定に保たれるように，それまでと同じ状態の回転運動を続けようとする作用が常に働いています．

この結果，傾きかけていた車輪には元の回転状態に戻るような作用が働き，車輪の傾きは元の傾かない方向に引き戻されて，車輪は正常な回転を続けます．したがって自転車の車輪は傾きかけても直ちに元の状態に補正されて，倒れることはなく走り続けることになるのです．

もう一つの例は冬になると人気スポーツになるフィギュア・スケートの選手の動きに見られます．女子フィギュア・スケートでは可愛らしいお嬢さん選手が身体を華麗に回転させて舞ったり，スピンと呼ばれるくるくる回る演技を披露します．ともかく，フィギュア・スケートには回転運動は欠かせません．

フィギュア・スケートの回転演技では一般に速い回転の方が優れているとされるので，選手たちはできるだけ早い回転になるように工夫を凝らします．その一つに回転を始めるときは手と脚を大きく一杯に拡げて身体を回転させます．そして，回転がある速度に達すると選手は手と脚を縮めて身体全体を小さくして回転します．すると回転速度が一段とスピードアップして華麗に見えるのです．

なぜこのように手足を伸び縮みさせることによって回転スピードが異なってくるかというと，選手の演技している回転運動に角運動量保存の法則が成り立つからです．すなわち，角運動量 l の値は回転半径 r と運動量 p の積ですから，これが一定であるためには，手足を縮めますと回転半径 r の値が小さくなるので，運動量 $p\,(=mv)$ が大きくならなければなりません．すると，回転速度 v の値が大きくなり，スピードアップするのです．

5.4 万有引力と天体の運動

5.4.1 重力

ニュートンはすべての天体には引力が働いているという万有引力の法則を発見しました．このおかげで誰でもがよく知っているように地球にも万有引力が働いていることがわかっています．万有引力の法則によると，引力の大きさ F は二つの物体の質量 m の積に比例し，二つの物体間の距離 r の二乗に反比例します．

ですから，二つの物体間に働く力 F は，二つの物体の質量を M, m とし，物体間の距離を r とすると，次の式で表されます．

$$F = G\frac{Mm}{r^2} \tag{5.30}$$

この式 (5.30) において G は万有引力定数と言われるもので，G の値は次の式で表されます．

$$G = 6.673 \times 10^{-11} [\mathrm{Nm^2/kg^2}] \tag{5.31}$$

なお，重力は実質的には地球から地上の物体に作用する万有引力ですが，地球が自転している影響で，引力以外の力もわずかに働くので，辞書などの定義では，重力は地球上の物体に地球から働きかける力となっています．

とはいえ重力は実効的には地球と物体間に働く万有引力と見なせます．質量 m の物体の重力は質量 m に地球の重力加速度 g を掛けた mg になります．これが物体と地球の間の万有引力と一致するので，式 (5.30) を使いますと，mg は次の式で表されます．

$$mg = G\frac{Mm}{R^2} \tag{5.32}$$

ここでは，M は地球の質量とし，物体と地球の距離には地球の半径 R を使いました．地球の重心は地球の中心にあるからです．

式 (5.32) から地球の重力加速度 g は，次の式で表されることがわかります．

$$g = G\frac{M}{R^2} \tag{5.33}$$

表 5.1 惑星,太陽,月の重力加速度 (地球の g を 1 とする)

水星	0.376	木星	2.34
地球	1	土星	1.16
月	0.165	天王星	1.15
火星	0.38	太陽	27.9

この式に万有引力定数 G,地球の質量 M ($= 5.974 \times 10^{24}$[kg]),地球の半径 R ($= 6.37 \times 10^6$[m]) を代入して計算すると,g の値は 9.80[m/s^2] と求めることができます.

地球だけでなくあらゆる天体にはその質量や半径に依存した大きさの重力加速度が働いています.太陽の重力加速度と共に主な惑星の重力加速度を,地球の重力加速度を 1 として,比の形で表 5.1 に示しておきます.

5.4.2 天体の質量

▶地球の質量は半径から求まる

次に,天体の質量がどの程度になるかについての見積もり方法を検討し,天体の質量を具体的に計算してみましょう.まず地球の質量の値を見積もってみましょう.

地球の質量を M とすると,前項で示した式 (5.33) を使うと,地球の質量 M は次の式で表されます.

$$M = \frac{gR^2}{G} \tag{5.34}$$

したがって,地球の質量 M は地球の半径 R の値がわかれば,地球の重力加速度 g と万有引力定数の G の値を使って計算できることがわかります.

地球の半径を R とし,半径 R に $R = 6.378 \times 10^6$[m] を使うと,地球の質量 M は次のように計算できます.

$$M = \frac{9.80[\text{m/s}^2] \times (6.378 \times 10^6[\text{m}])^2}{6.673 \times 10^{-11}[\text{Nm}^2/\text{kg}^2]} = 5.97 \times 10^{24}[\text{kg}] \tag{5.35}$$

正式に報告されている地球の質量の値は 5.9742×10^{24}[kg] なので,式 (5.35) で示す計算結果は妥当なことがわかります.

▶火星の質量は衛星のフォボスの公転条件がわかれば計算できる!

地球の質量は重量加速度 g の値がわかっていたので,万有引力定数 G と地球

5.4 万有引力と天体の運動

の半径 R の値から比較的簡単に求まりました．地球の半径は地球の周囲の長さを測定すれば得られるので，地球の半径の値を知ることは，科学がそれほど発達していない昔の時代にも比較的簡単なことでした．だから，重量加速度の値がわかっている地球の質量が，昔から計算されていてもそれほど不思議ではありません．

しかし，火星や木星の衛星の質量も比較的昔から知られていました．これらの惑星も半径の値については天体観測によって比較的容易に測定可能ですが，惑星の重力加速度の値は式 (5.33) からわかるように，惑星の質量 M と半径 R の両方がわからなければなりません．昔の人は惑星の質量はどのようにして求めたのでしょうか？

実は，惑星の質量を知る鍵は惑星の周囲を回っている衛星にあるという，興味深い話があるのです．どういうことかというと，惑星の衛星の運動に惑星の質量を計算するポイントがあるのです．つまり，付随する衛星の公転条件がわかれば惑星の質量を計算する謎は解けるというのです．

そこで，ここでは火星がフォボスとダイモスという二つの衛星を持っているので，大きい方の衛星のフォボスを使って火星の質量を計算する方法を探ってみましょう．衛星のフォボスは火星のまわりを回っている，つまりフォボスは火星のまわりを公転しています．そして，この衛星の公転の周期や公転の回転速度は天体観測によって測定可能ですから，確かに公転の状態は地球からでも知ることができます．

公転軌道を簡単に円と仮定すると，フォボスには円のまわりを回転運動するために向心力 (求心力) が働いています．また，衛星のフォボスと火星の間には万有引力が働きます．ここでは，回転運動による向心力を $F_{向心力}$ とし，火星とフォボスの間で働く万有引力はこれを $F_{引力}$ とすることにします．

向心力 $F_{向心力}$ は 5.1 節の式 (5.10b) に従うので，フォボスの質量を m, 回転速度を v, 回転半径を r とすると，フォボスに働く向心力 $F_{向心力}$ は，次の式で表されます．

$$F_{向心力} = -\frac{mv^2}{r} \tag{5.36}$$

また，火星とフォボスの間に働く万有引力 $F_{引力}$ は，火星の質量を M とする

と，次の式で表されます．

$$F_{引力} = -G\frac{Mm}{r^2} \tag{5.37}$$

ここでは引力にはマイナス記号を付けました．なぜこうしたかというと，引力には普通負符号を使うし，引力と向心力は同じ方向を向いているからです．

向心力 $F_{向心力}$ は引力 $F_{引力}$ によって支えられています．もしも，向心力 $F_{向心力}$ が引力 $F_{引力}$ によって支えられていなければ衛星のフォボスは宇宙のかなたに飛び去ってしまうからです．ということで，向心力 $F_{向心力}$ と引力 $F_{引力}$ を等しいとおくと，次の式が成り立ちます．

$$-\frac{mv^2}{r} = -G\frac{Mm}{r^2} \tag{5.38}$$

この式 (5.38) から火星の質量 M を求めると，M は次の式で表されることがわかります．

$$M = \frac{rv^2}{G} \tag{5.39}$$

衛星フォボスの回転速度 v はフィボスの公転周期 T を使うと，$v = 2\pi r/T$ となるので，この関係を式 (5.39) に代入すると，結局火星の質量 M はフォボスの公転 (回転) 半径 r と公転周期 T を使って，次の式で表されることがわかります．

$$M = \frac{4\pi^2 r^3}{GT^2} \tag{5.40}$$

以上の結果，火星の質量 M は衛星フォボスの公転周期 T と公転半径 r の値から計算できること，つまりフォボスの公転運動の知識があれば，火星の質量が求まることがわかりました．そこで，式 (5.40) を使って火星の質量 M の値を具体的に求めてみましょう．

フォボスの周期 T は観測されていまして，この値は非常に短く，7.66時間です．また，公転の半径 r は 9378[km] です．これらの値 $T = 7.66[\text{h}](= 2.76 \times 10^4[\text{s}])$，$r = 9.38 \times 10^6[\text{m}]$ を式 (5.40) に代入すると，火星の質量 M は次のように計算できます．

$$M = \frac{3.95 \times 10^1 \times (9.38 \times 10^6 [\mathrm{m}])^3}{6.67 \times 10^{-11} [\mathrm{Nm^2/kg^2}] \times (2.76 \times 10^4 [\mathrm{s}])^2}$$
$$= \left(\frac{32.6}{50.8}\right) \times 10^{24} [\mathrm{kg}] = 6.42 \times 10^{23} [\mathrm{kg}] \tag{5.41}$$

したがって，火星の質量 M は約 $6.42 \times 10^{23} [\mathrm{kg}]$ と求まります．火星の質量の正しい値は $6.419 \times 10^{23} [\mathrm{kg}]$ と報告されているので，計算結果はこの値に近く妥当であると思われます．こうして「惑星が衛星を持っていればその惑星の質量はわかる」という不思議な話の謎が氷解しました．

5.4.3 天体の運動

　天文学で一般の人々に有名な人物はガリレイですが，惑星の運動が円運動ではなく，楕円運動であることを明らかにすると共に，ケプラーの法則を発見して天体の運動をより詳しく研究したのはケプラー (J. Kepler, 1571〜1630) でした．

　ケプラーがこの法則を発見した経緯は少し変わっています．ケプラーは神学，数学，天文学を学んだあと，教師として働いていたのですが，ある理不尽な理由で失業し，このとき著明な天文観測者のティコ・ブラーエの下に弟子入りしました．ブラーエは 21 年間もの長い間にわたって天体を丹念に観測した人で，彼は豊富な観測データを蓄積していました．

　ブラーエはその観測データを十分解析する前に亡くなるのですが，この観測データはケプラーの下に残されることになりました．この膨大な観測データの中で 16 年間にわたる火星の観測データに注目したケプラーは，この観測データを丹念に解析し，この仕事の中で惑星の運動の法則を発見したと言われています．ケプラーがこのとき発見した惑星の運動の法則こそがケプラーの法則なのです．

　さてケプラーの法則ですが，これは次の 3 個の項目から成り立っています．

① 惑星は太陽を一つの焦点とする楕円運動をしている．
② 惑星と太陽を結ぶ動径 r が一定時間に通過する面積は一定である (面積速度一定の法則，図 5.10)．
③ 惑星の公転周期 T の二乗は，惑星の周回する楕円軌道の長半径 r の三乗

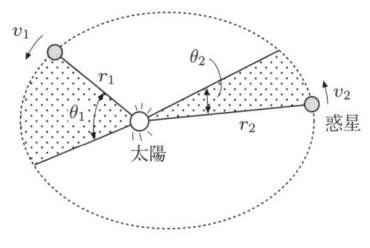

図 5.10 面積速度

に比例する ($T^2 = kr^3$).

上の②の法則は，図 5.10 に示す惑星軌道の楕円の中の扇形の二つの部分の面積が等しくなるということです．すなわち，これら二つの面積は (単位時間あたりで考えますと円周を速度 v で進んでいる物体は v[m] だけ進むので) おおよそ惑星の速度 v と回転半径 r の積 (vr) になりますが，②の法則は左側の扇形の面積 $v_1 r_1$ と右側の扇形の面積 $v_2 r_2$ が等しくなるというのです (詳しくは補足 5.2 参照).

したがって，この法則は，惑星が楕円の半径の短い箇所を回るときには衛星の周回速度が速くなり，長い半径の箇所を回るときには，惑星の周回速度が遅くなるという法則です．これまでの章で述べてきたように，速度 v や距離を表す r はベクトル量ですので，速度 v と半径 r の積はベクトル積になります．ベクトル積については，面積速度についての補足説明の一環として補足 5.2 に示しておきました．

しかし，ベクトル演算はこれまで使っていないので，本書ではベクトル積には立ち入らないこととし，面積速度が一定とは惑星の周回速度 v と惑星の軌道半径 r の積 $v \times r$ が一定になることだということにしておきます (ベクトル積については付録参照).

惑星の周回速度 v と軌道半径 r の積 vr に惑星の質量 m を掛けた mvr は，r の原点を太陽の位置とする惑星の角運動量になることがわかります．すると，面積速度 (mv) 一定ということは角運動量が一定であるということになり，面積速度一定の法則は角運動量の保存則を表していることがわかります．したがって，ニュートン力学が確立した現代では惑星の軌道運動に面積速度一定の法則が成り立つのは当然ということになります．

◆ 補足 5.2　面積速度の補足説明としてのベクトル積

速度 v と距離 r のように，共にベクトル量の二つの物理量の掛け算にはベクトルの掛け算を使う必要があります．ベクトルの掛け算にはベクトル積とスカラー積があります．これらについての詳しい説明は付録の章で行いますので，ここでは面積速度の意味を補足説明するために，ベクトル積だけ簡単に説明することにします．

いま二つのベクトル $\boldsymbol{A}$ と $\boldsymbol{C}$ があり，これらを図 S5.2 に示すように，OA および OC の先に矢印の付いた線分で表すことにします．そして，OA と OC のなす角を θ とします．ベクトル $\boldsymbol{A}$ とベクトル $\boldsymbol{C}$ のベクトル積は，$\boldsymbol{A} \times \boldsymbol{C}$ の形で書けますので，これを使いますと，ベクトル積 $\boldsymbol{A} \times \boldsymbol{C}$ は図 S5.2 を使って，次のようになります．

$$\boldsymbol{A} \times \boldsymbol{C} = (AC \sin \theta) \boldsymbol{n} \tag{S5.1}$$

ですから，図 S5.2 を見るとわかるように，ベクトル積 $\boldsymbol{A} \times \boldsymbol{C}$ の値は $A \sin \theta \times C$ となり，平行四辺形 OABC の面積を表すことになります．惑星の速度 v と周回軌道半径 r の積 vr が面積を表すことがわかります．このようにして，ベクトル積の意味がわかると，ケプラーの法則で面積速度という言葉が使われている理由がよくわかるようになります．なお，ベクトル積 $\boldsymbol{A} \times \boldsymbol{C}$ の方向は $\boldsymbol{A}$ と $\boldsymbol{C}$ に垂直な上 ($\boldsymbol{n}$) 方向です．

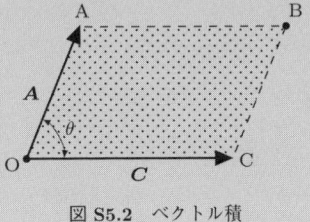

図 S5.2　ベクトル積

ケプラーの法則の①は惑星の運動が太陽の引力 (正確には重力場) によって維持されていることと関係する法則です．また，③は万有引力とも関係がある法則であると言われています．したがって，ケプラーの法則はすべて物理学の基本的な事項と関連する重要な法則であることがわかります．これらのケプラーの法則の物理的な内容の解明にはニュートンが大きく寄与しましたし，全体がさらに詳細に明らかになったのはニュートン力学の確立以降のことです．

演 習 問 題

5.1 いま,質量 m が $1[\text{kg}]$ の物体が,毎秒 2 回の割合で半径 $1[\text{m}]$ の円の周囲を円運動しているとする.この物体の回転周期 T,角速度 ω,回転速度 v および向心力 F の大きさを求めよ.

5.2 長さ l が $80[\text{cm}]$ の糸の一端に $20[\text{g}]$ のおもりを付けて,糸の他の端をある位置 O に固定して,位置 O を中心にしておもりを回転運動させた.この糸は $2[\text{kg}]$ の荷重まで耐えられるが,荷重が $2[\text{kgw}]$ を越えた途端に切れたとして,糸が切れる瞬間のおもりの回転速度 v と回転数 n を求めよ.

5.3 初期位相 ϕ が $(1/4)\pi$,周期 T が $10[\text{s}]$,振幅 A が $2[\text{cm}]$ の条件で単振動している物体の,振動を開始してから 5 秒後の位相および変位を求めよ.

5.4 質量 m が $10[\text{g}]$ のおもりの付いた,ばね定数 $k = 10[\text{kg/s}^2]$ のばねがある.このばねを平衡状態から $2[\text{cm}]$ 伸ばして離したところ,おもりは振動を始めたという.このおもりの角振動数 ω とばねに加わる力 F はどれほどになるか?

5.5 周期 T が 1 秒の振り子時計がある.この振り子時計の振り子の長さはいくらか?

5.6 質量 $10[\text{g}]$ の物体が半径 $10[\text{cm}]$ の円周を $0.1[\text{s}^{-1}]$ の角速度 ω で回っている.この物体の角運動量の大きさはいくらになるか?

5.7 長さが最大 $1[\text{m}]$ から最小 $0.1[\text{m}]$ まで伸縮自在な質量 $10[\text{g}]$ のまっすぐな棒がある.この棒が最初は最大の長さの $1[\text{m}]$ で,一つの端を中心にして $10[\text{s}^{-1}]$ の角速度 ω で回転を始めた.ところが,ある瞬間からこの棒の長さが突然 $20[\text{cm}]$ に縮んで,そのまま回転し続けたという.この棒の長さが $20[\text{cm}]$ に縮んだ後の棒の回転速度はいくらになったか?

5.8 月の質量 M は $7.35 \times 10^{22}[\text{kg}]$ で,月の公転軌道の直径 $2R$ は $3{,}474[\text{km}]$ である.月の重力加速度はいくらになるか?

5.9 木星にはイオという衛星があることが知られている.イオの公転半径 R は約 $421700[\text{km}]$ で,公転の周期 T は 1.769 日である.惑星の質量はその衛星の公転条件がわかればわかると言われているので,これらのデータを使って木星の質量 M を計算せよ.

Chapter 6
エネルギーとエネルギー保存の法則

　エネルギーとかエネルギー保存の法則は物理学においてもっとも基本的なこととして重視されています．宇宙は結局のところは質量とエネルギーでできているので，エネルギーが重要なことは当然のことです．この章ではエネルギーの定義から始めて，エネルギーの種類とそれらの内容を詳しく説明します．エネルギーについての十分な理解の下にエネルギー保存の法則の内容と応用について説明して，これが容易に活用できるようにします．

6.1 仕事とエネルギー

▶永久に動く機械は人類の夢だった

　エネルギーやエネルギー保存の法則に関しては，昔から興味深い話があるので，その話からこの節を始めることにしましょう．人類には昔から二つの大きな夢があったと言われています．一つは「もの(物)を(金属の)金に変える！」こと，もう一つは「永久に動く機械を作る！」ことです．ものを「金」に変えることに取りつかれた人は多く，驚いたことに，科学的なはずのニュートンも，「物を金に変える」技術である錬金術に一時期ご執心で，ある期間熱中したとも伝えられています．

　しかし，ここで注目するのは「永久に動く機械」の方です．これについても多くの人が取りつかれ，その中にはこれに熱中しすぎ一生を棒に振った人もいるようです．それほどにこの機械は魅惑的なものです．一度動き始めればこの機械は永久に働き続けるので，確かにこれほど貴重な機械はありません．永久に動く機械ならエネルギーはこの機械を始動するときに必要なだけなので，エネルギー問題で悩む必要もありません．

　しかし，現代の物理学(の中の力学)は永久に動く機械はおろか，効率100%で働く機械も原理的に存在しえないという法則を示しています．動くために機械

に与えたエネルギーは他の物理 (熱) 現象にも使われるからです．つまりは，この章で学ぶエネルギー保存の法則が成り立つからです．

▶仕事をする能力がエネルギー

余談はこれくらいにして本題に入りましょう．そもそもエネルギーとはどういうものでしょうか？　エネルギーは仕事をする能力であると言われていますので，ここでは仕事の話から始めましょう．これまで力 F に時間 t を掛けた力積 Ft を学び，これが運動量の変化で表されることを知りましたが，ここでは力 F に距離 s を掛けたものが重要です．

一般的には距離は s で表されるので，距離に s を使うと力 F に距離 s を掛けた $F \times s$ が仕事になります．しかし，$F \times s$ で表される仕事の場合には，F は物体を動かすために加えた力で，s は物体の移動する距離ですから，物体の移動に役に立たない力の成分は除かれなければなりません．つまり，距離 s との積が仕事になる力 F は，物体の移動に有効に働く力だけでなくてはなりません．

したがって，力 F と距離 s の積で表される仕事を考える場合には，力の方向と物体の移動の方向の関係が重要になります．いま，図 6.1 に示すように，物体 A を，これが破線で外形が表される位置まで，右方向に距離 x だけ移動させたときの仕事を考えることにしましょう．そして，仕事を W で表すことにすると，図 6.1 に示すように力 F を物体 A に加えて，これを x だけ右方向に移動させるのですから，力 F の物体 A にした仕事は，次の式で表されます．

$$W = F \cos\theta \times x \quad (6.1\text{a})$$
$$= Fx \cos\theta \quad (6.1\text{b})$$

したがって，物体に加えた力 F の成分の中で上方向の成分の $F\sin\theta$ は物体

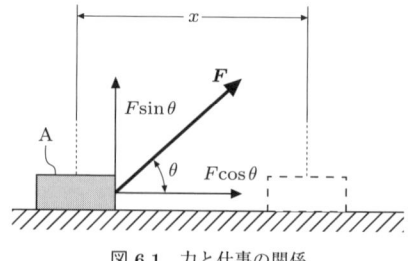

図 6.1　力と仕事の関係

Aを動かすには何らの働きもしない力です．いまの場合物体を移動させる方向は右方向ですので，力 $F\cos\theta$ の方向は物体の動く方向と同じになるので有効に働きますが，$F\sin\theta$ の力の方向は物体の移動方向に垂直なので，物体の右方向への移動には全く寄与しないからです．

仕事をする能力はエネルギーと呼ばれます．物体 A を右横方向に x だけ距離を動かすには，式 (6.1a,b) で表される仕事をする能力が必要なので，$Fx\cos\theta$ で表される仕事 W はエネルギーを表していることになります．したがって，簡単には仕事はエネルギーに等しい，すなわち，エネルギーとは仕事のことだと言えます．

仕事の単位はジュールで [J] で表されます．ジュールの内容は式 (6.1b) を使って，次のように説明できます．式 (6.1b) の式において単位だけ抜き出して考えると，F の単位は [N] または [kgm/s^2]，x の単位は [m] で，$\cos\theta$ には単位はないので，これらの単位を掛け合わせると，単位 [J] は次の式で表されます．

$$[J] = [N] \times [m] = [N{\cdot}m], \text{ または } [J] = [kgm/s^2] \times [m] = [kgm^2/s^2] \quad (6.2)$$

したがって，仕事 W の単位は [J] のほか [N·m]，[kgm^2/s^2] などで表されることがわかります．

6.2 ポテンシャルエネルギー

6.2.1 重力による位置のエネルギー

ポテンシャルエネルギーは簡単には位置のエネルギーだと言われていますが，実は位置のエネルギーだけを表しているわけではないのです．というのは弾性エネルギーなどもポテンシャルエネルギーだからです．辞書を引くとわかりますが，ポテンシャルには可能性とか潜在力とかの意味があります．

ポテンシャルエネルギーのポテンシャルもこのような意味で使われているので，ポテンシャルエネルギーは物体が内部に持っている仕事をする潜在的な能力，つまり，潜在的なエネルギーを表しています．以上の理由から，ここではポテンシャルエネルギーとして，重力に基づいて物体が潜在的に持つことになる位置のエネルギーと，弾性力によって物体が持つことになるエネルギー (弾

性エネルギー) について説明することにします.

さて，重力による位置のエネルギーですが，これは地球の重力に基づく位置のエネルギーです．物 (体) を持ち上げると重く感じますが，これは物の質量に地球の下向きの重力加速度 g が作用して下向きの力が働いているからです．

物をある高さ h に持ち上げるためには，物に力 F を加えて仕事をしなくてはなりません．力を加えて高く持ち上げられて，ある高さにいる状態の物には仕事をする潜在的な能力が備わることになるので，物はポテンシャルエネルギーを持つことになります．このエネルギーは重力に基づく位置のエネルギーと呼ばれます．いま，物体の質量を m, 持ち上げる高さを h とすると，この物体の位置のエネルギーは，これに記号 U を使って，U は次の式で表されます．

$$U = mgh \tag{6.3}$$

位置のエネルギーについては注意すべき事柄が二つあります．一つは，たとえば図 6.2 に示すように，A と B の高さの差が h であるとして，B にある質量 m の物体を A まで持ち上げる場合を考えましょう．いま，物体を持ち上げる経路として AB_1 と AB_2 があるとしますが，これらの AB_1 と AB_2 のいずれの経路の場合も，高さの差は同じ h です．ですから，いずれの場合も物体を B から A まで持ち上げるために必要な仕事量は同じなので，平面位置 B を基準面にした A の位置のエネルギーは，(A から B に至る) 経路にはよらず常に一定で mgh になるということです．

もう一つの注意すべきことは，位置のエネルギーを決めるには基準面を一定に決める必要があるということです．図 6.2 に示した例で説明すると，位置のエネルギーの値が mgh になるのは基準面を B にとったからで，B のある面よ

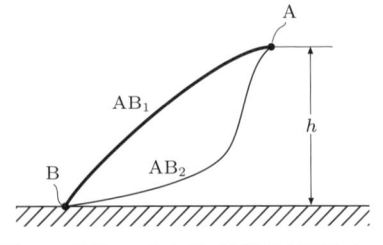

図 6.2 位置のエネルギーは経路に依存しない

りも下の位置に基準面をとると，位置のエネルギーは mgh よりも大きくなります．

たとえば，地上の平面位置を基準面にとれば，地上から $10[m]$ の高さにある質量 $1[kg]$ の物体の位置のエネルギー U は，$U = mgh = 98[kgm]$ ですが，地上の位置が海抜 $10[m]$ だとし，海面が基準ならば位置のエネルギーは違ってきます．すなわち，海面を基準面にしたこの物体の位置のエネルギーは，この場合には基準面からの高さの差が $20[m]$ になるので，位置のエネルギーは $196[kgm]$ と 2 倍になります．

6.2.2 弾性力によるポテンシャルエネルギー
▶ばねの弾性エネルギーはポテンシャルエネルギー

弾性の性質を持つ物体 (弾性体) に力を加えて，これを押すと弾性体は縮み，これを引っ張ると伸びますが，縮んだ弾性体は伸びようとするし，また伸びた弾性体は縮もうとする能力を持っています．すなわち，力を加えた弾性体は仕事をする潜在的な能力を持つようになるので，これはポテンシャルエネルギーを持つことがわかります．

したがって，弾性体で作られているばねはポテンシャルエネルギーを持つことができるのです．ばねのポテンシャルエネルギーがどのようにして求められるか見てみましょう．まず，ばねに力 F を加えると，ばねは伸びたり，縮んだりしてばねの長さが変化します．このばねの変化した結果が変位なので，変位を x とすると，5 章で説明したように，力 F と変位 x の間には，次の関係式が成り立ちます．

$$F = kx \tag{6.4}$$

この式 (6.4) の両辺に微小な距離 dx を右から掛けると，次の式が得られます．

$$F dx = kx dx \tag{6.5}$$

この式の左辺は力 F と微小な距離の積 $F dx$ だから，これは微小な仕事 dW を表しています．ですから微小な仕事を dW で表すと，dW はバネの微小な仕事の $kx dx$ と等しくなり，次の式で表されます．

$$dW = kx dx \tag{6.6}$$

微小な仕事をたくさん集めると普通の仕事になるので，式 (6.6) を積分したものは仕事ということになります．そこで，式 (6.6) の両辺をそれぞれ，左辺は W で積分し，右辺は x で積分すると，次の式が得られます．

$$\int dW \left(= \int kx dx \right) = k \int x dx \tag{6.7a}$$

式 (6.7a) の両辺の積分を具体的に実行すると，ばねの仕事 W は，次の式で表されることがわかります．

$$W = \frac{1}{2}kx^2 \tag{6.7b}$$

式 (6.7b) で表される仕事 W は，ばねに力 F が加わって長さが x だけ変位したときのばねが潜在的に持つ仕事する能力を表しています．なぜかと言いますと，この状態のばねは伸びた場合は縮む仕事を，縮んだ場合には伸びる仕事をする能力を蓄えているからです．つまり，式 (6.7b) の W はポテンシャルエネルギーを表しているので，これを U で表すと，ばねのポテンシャルエネルギー U は，次の式で与えられることがわかります．

$$U = W = \frac{1}{2}kx^2 \tag{6.8}$$

弾性体のポテンシャルエネルギーは弾性体の持つ弾性という性質に基づいたポテンシャルエネルギーですが，このエネルギーは弾性体を構成する原子間の相互作用エネルギーであると解釈できます．分子間にも相互作用エネルギーがあるので，相互作用エネルギーは物体の構成に関係する多くの粒子の間の相互作用において見られるエネルギーです．そして，相互作用エネルギーはポテンシャルエネルギーの一種なのです．

‖例題6.1‖ 基準面からの高さが 10[m] の位置に，質量が 20[kg] の物体が置いてあります．この物体の位置のエネルギーはいくらになりますか？

[解答] この問題は本文の位置のエネルギー U の式 (6.3) を使って簡単に解くことができます．すなわち，題意により $h = 10$[m]，$m = 20$[kg] だから，これらを式 (6.3) に代入すると，位置のエネルギー U は $U = mgh = 20$[kg] $\times 9.8$[m/s^2] $\times 10$[m] $= 1960$[kgm/] $= 1960$[J] と求めることができます．∎

▌例題6.2▐ 地上から 10[m] の高さにある高台の上に，質量が 30[kg] の物体があります．この場所の海面からの高さは 10[m] です．地上を基準面とするときと，海面を基準点とするときの位置のエネルギーを求めてどちらが大きな値になるか答えて下さい．

[解答] この物体は質量 m が 30[kg] で，地上を基準面としたときの高さ h は 10[m] です．この場所は海面からの高さが 10[m] の位置にあるから，海面を基準面としたときの高さ h は 20[m] になります．したがって，地上を基準面としたときの位置のエネルギーを U_1，海面を基準面としたときを U_2 とすると，U_1 と U_2 は次のように求まります．$U_1 = mgh = 30[\text{kg}] \times 9.8[\text{m/s}^2] \times 10[\text{m}] = 2940[\text{kgm/s}^2] = 2940[\text{J}]$，$U_2 = mgh = 30[\text{kg}] \times 9.8[\text{m/s}^2] \times 20[\text{m}] = 5880[\text{kgm/s}^2] = 5880[\text{J}]$．したがって，海面を基準にしたときは地上を基準面としたときの位置のエネルギーの 2 倍になります．　■

▌例題6.3▐ ばね定数 k が 5.0[N/m] のばねがあります．このばねを床に置き，一方の端を壁に固定して他方の端におもりを付け，0.2[m] だけ引っ張りました．このときばねが持つポテンシャルエネルギーはいくらになりますか？

[解答] 題意により，$k = 5.0[\text{N/m}]$，$x = 0.2[\text{m}]$ なので，これらの値をばねのポテンシャルエネルギー U の式 (6.8) に代入して計算すると，U は次のように求めることができます．$U = (1/2)kx^2 = 0.5 \times 5.0[\text{N/m}] \times (0.2[\text{m}])^2 = 0.1[\text{N} \cdot \text{m}] = 0.1[\text{J}]$．　■

6.3　運動エネルギー

運動している物体の運動エネルギーは，質量が m，速度が v ならば，運動エネルギーに記号 K を使うと，K は次の式で表されます．

$$K = \frac{1}{2}mv^2 \tag{6.9}$$

なお，力学的な運動エネルギーが記号 K で表されることは，物理学ことに力学においては慣例になっています．運動エネルギーは，なぜこの式 (6.9) で表されるのでしょうか？　まず，この理由について考えてみましょう．

いま，物体に加えられた力を F，加速度を a，物体の質量を m とすると，力 F と加速度 a の間には，次の式が成り立ちます．

$$F = ma \tag{6.10}$$

式 (6.10) を使って，運動エネルギーがどのような式で表されるか調べ，運動エネルギー K を表す式が式 (6.9) になるかどうか見てみましょう．加速度 a は物体の位置 (座標) x の 2 階微分 $(\mathrm{d}^2x/\mathrm{d}t^2)$ を使って表されるが，物体の速度 v を使い速度の 1 階微分 $(\mathrm{d}v/\mathrm{d}t)$ を用いても表すことができます．

ですから加速度 a は次の式で表されます．

$$a = \frac{\mathrm{d}^2 x}{\mathrm{d}t^2} \quad \text{または} \quad a = \frac{\mathrm{d}v}{\mathrm{d}t} \tag{6.11}$$

次に，式 (6.11) の右側の式を式 (6.10) に代入すると，次の式が成り立つことがわかります．

$$F = m\frac{\mathrm{d}v}{\mathrm{d}t} \tag{6.12a}$$

この式 (6.12a) の両辺に右側から $\mathrm{d}x$ を掛けると，次の式が得られます．

$$F\mathrm{d}x = m\frac{\mathrm{d}v}{\mathrm{d}t}\mathrm{d}x \tag{6.12b}$$

ここで，$(\mathrm{d}v/\mathrm{d}t)\mathrm{d}x = (\mathrm{d}x/\mathrm{d}t)\mathrm{d}v$ と書き変えて，$\mathrm{d}x/\mathrm{d}t$ は速度なので，$\mathrm{d}x/\mathrm{d}t = v$ とおくと，式 (6.12b) の右辺は次のようになります．

$$F\mathrm{d}x = mv\mathrm{d}v \tag{6.13}$$

次に，式 (6.13) の両辺を，左辺は x で右辺は v で積分すると，左辺は

$$\int F\mathrm{d}x = F\int \mathrm{d}x = Fx \tag{6.14a}$$

となり，右辺は次のようになります．

$$\int mv\mathrm{d}v = m\int v\mathrm{d}v = m \times \frac{1}{2}v^2 = \frac{1}{2}mv^2 \tag{6.14b}$$

二つの式 (6.14a) と式 (6.14b) は等しいので，仕事は物体の質量 m と運動速度 v を使うと次の式で表されることがわかります．

$$Fx = \frac{1}{2}mv^2 \tag{6.14c}$$

6.3 運動エネルギー

この式 (6.14c) の左辺は物体が x だけ動いたときの仕事 W を表しているので、Fx という仕事をする能力を表しているとも解釈できます．したがって左辺はエネルギーを表しているので，これに等しい関係になる右辺もエネルギーを表しているはずです．しかも，このエネルギーは速度 v で運動している物体のエネルギーです．だから，このエネルギーは物体の運動エネルギーを表していることになります．

以上の結果，速度 v で運動している質量 m の物体の運動エネルギーは式 (6.14c) の右辺で表されることがわかり，この式はこの節の最初に示した式 (6.9) と同じので，式 (6.9) が運動エネルギーを表す式として妥当であることが確認できました．

┃**例題6.4**┃ 質量が 200[g] のボールに 10[kgm/s^2] の力 F を加え，このボールを床の上で 50[cm] 動かしました．このときに得られたエネルギーを使って質量が同じ 200[g] のボールを投げ飛ばしたとすると，このボールの飛ぶ速度 v はいくらになるでしょうか？

[解答] 題意により，床の上を動かしたボールのエネルギー W は $W = Fx = 10[\text{kgm/s}^2] \times 0.5[\text{m}] = 5[\text{kgm}^2/\text{s}^2]$ となります．題意により，このエネルギー W は投げ飛ばしたボールの運動エネルギーと等しくなるので，$5[\text{kgm}^2/\text{s}^2] = (1/2) \times 0.2[\text{kg}] \times v^2$ の式が成り立ちます．この式より v^2 は $v^2 = 5[\text{kgm}^2/\text{s}^2]/(0.5 \times 0.2[\text{kg}]) = 50[\text{m}^2/\text{s}^2]$ となるので，速度 v は $v = 7.07[\text{m/s}]$ と求まります． ■

┃**例題6.5**┃ 図 E6.1 に示すように，紐の付いた質量の等しい 4 個の鉄の球が天上から吊り下がっています．これらの 4 個の鉄の球は 1 列の線上に，ほとんど接触するほど接近して並んでて吊り下っています．いま，4 個の球の右端の 1 個を右方向に少し持ち上げて，そのあとすぐに離しました．すると，持ち上げた 1 個の球は 1 列の並んだ 3 個の球に衝突し，3 個の球の内の左端の 1 個の球が左方向にポンと飛び出して左上方向に振れました．また，同じようにして球を 2 個持ち上げて離しますと，今度は 2 個の球が飛び出して左上方向に振れました．

ここで問題ですが，鉄の球を 2 個持ち上げて離したとき，なぜ 1 個の球が 2

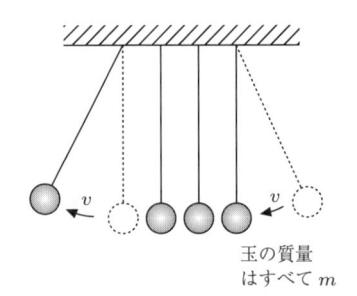

図 E6.1　不思議な吊下がり振り子

倍の速度で飛び出さないのでしょうか？

[解答] 4個の鉄の球の質量は同じなのでこれをすべて m とし，右方向へ持ち上げて離した球の，並んだ球に衝突したときの速度を v とすると，1個だけ持ち上げたときの運動量は mv となります．また，2個持ち上げたときは $2mv$ になります．ですから，これらの球が衝突して飛び出す球の数は，衝突によって与えられた運動量に等しくなるように，1個衝突してきたときは1個の球が，2個衝突してきたときは2個の球が飛び出します．

2個の球を持ち上げて衝突させたときに，もしも1個の球が2倍の速度 $2v$ で飛び出せば運動量は $m \times (2v) = 2mv$ となって，衝突によって与えられた運動量と飛び出したときの運動量が等しくなります．しかし，エネルギーを考えてみると，衝突した2個の球の運動エネルギーは $(1/2)mv^2 \times 2 = mv^2$ となります．一方，1個の球が2倍の速度 $2v$ で飛び出したとすると，この場合の1個の球の運動エネルギーは $(1/2)m(2v)^2 = 2mv^2$ となります．

つまり，2倍の速度で飛び出すために必要な球の運動エネルギーが2倍になってしまって，飛び出すために必要なエネルギーが，衝突によって供給されるエネルギーの2倍になるので，このようなことは起こりえないことがわかります．

6.4 エネルギー保存の法則

▶地球上では新たなエネルギーの発生はない！？

わたしたちは平素「エネルギー源が不足している！」と言ったり，「原子力に替わるエネルギーの新しい製造技術を開発しなければならない」などと言っています．ここで少し立ち止まって考えてみましょう．はたして，エネルギーは新しく生み出せるものなのでしょうか？

不思議に思われるかもしれませんが，純粋に科学的に考えると地球上においてはエネルギーが新たに発生することはないのです．新しく発生したように見えるエネルギーも，実はエネルギーが姿を変えて現れているだけなのです．

たとえば，石油を燃やせば熱エネルギーが得られ，これによって電気エネルギーが生まれると言いますが，石油は化学的なエネルギーを持っているのです．だから，熱エネルギーや電気エネルギーが生まれたように見えるのは，石油の化学的なエネルギーが別のエネルギーに姿を変えて現れたにすぎないのです．

このことが示しているように，「エネルギーは生まれることも，失われることもなく，エネルギーは様々な形に変化するだけで，エネルギーの総量は決して変わることはない」という法則が自然界には成り立っています．実はこれがエネルギー保存の法則なのです．

▶力学的エネルギーの保存則

しかし，ここでは化学的なエネルギーには触れないことにして，物理学でも力学に直接関係する，運動エネルギーとポテンシャルエネルギーだけに限ってエネルギー保存の法則について考えることにします．このエネルギーの保存則は力学的エネルギー保存の法則と呼ばれるものです．

いま，図 6.3 に示すように，滑らかな坂道の上の位置 Q において質量 m の鉄の球が下方向に向かって転がり降りているとしましょう．この鉄の球の位置 Q における速度は v_Q であったとします．また，坂道を降りた平らな道から測った位置 Q の垂直高さは h であったとしましょう．そして，坂道を下り切って平らな道に差し掛かる地点を P とし，この位置 P での鉄の球の速度を v_P とする

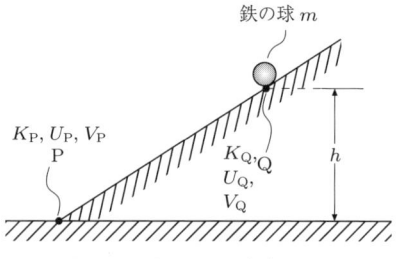

図 6.3 エネルギーは保存される

ことにします.

すると，坂道の上の位置 Q と坂道を下った地点の位置 P における，鉄の球の位置のエネルギーと運動エネルギーは次のようになります．ここでは，鉄の球が位置 Q と位置 P にいるときの鉄の球の位置のエネルギー U と運動エネルギー K を，それぞれ U_Q, U_P および K_Q, K_P とすることにします．すると U_Q, K_Q と U_P, K_P の内容は，次のようになります．

$$U_Q = mgh, \quad U_P = 0 \qquad (6.15\text{a})$$

$$K_Q = \frac{1}{2}mv_Q^2, \quad K_P = \frac{1}{2}mv_P^2 \qquad (6.15\text{b})$$

この場合，鉄の球が坂道を下るときに摩擦などによるエネルギーの消耗はないとすると，坂道の上にあった鉄の球が坂の下まで降りると，坂道を下った分だけ鉄の球の速度が速くなります．球の持つすべてのエネルギーはエネルギー保存の法則により常に一定に保たれるので，位置 Q と位置 P における鉄の球の位置のエネルギーの差 $(U_Q - U_P)$ が，位置 Q と位置 P における鉄の球の運動のエネルギーの差 $(K_P - K_Q)$ になります．したがって，次の式が成り立ちます．

$$U_Q - U_P = K_P - K_Q \qquad (6.16\text{a})$$

坂道の位置 Q における位置のエネルギー U_Q, 運動エネルギー K_Q と坂道を下った地点の位置 P における位置のエネルギー U_P, 運動エネルギー K_P の内容を具体的に書くと，式 (6.16a) は式 (6.15a,b) を使って，次のようになります．

$$mgh = \frac{1}{2}mv_P^2 - \frac{1}{2}mv_Q^2 \qquad (6.16\text{b})$$

この式 (6.16b) において，坂道の位置 Q におけるエネルギーを左辺に集め，坂道を下った地点の位置 P におけるエネルギーを右辺に集めると，式 (6.16b) から次の式が得られます．

$$mgh + \frac{1}{2}mv_Q^2 = \frac{1}{2}mv_P^2 \tag{6.16c}$$

また，この式 (6.16c) を U_Q, K_Q と U_P, K_P を使って書くと，位置 P においては U_P はゼロですが，U_P も含めて次のようになります．

$$U_Q + K_Q = U_P + K_P \tag{6.17a}$$

すなわち，位置 Q における位置のエネルギーと運動エネルギーの和は，位置 P における位置のエネルギーと運動エネルギーの和に等しいことがわかります．実はこの位置のエネルギーと運動エネルギーの和が一定であるという関係は物体の置かれた位置がどこであっても成り立つので，この和を E とすると，次の関係式が成り立ちます．

$$U + K = E = 一定 \tag{6.17b}$$

純力学的な現象においては位置のエネルギーと運動エネルギーの和で表されるエネルギー E は力学的エネルギーと呼ばれますが，これは常に一定になります．この式 (6.17b) の力学的エネルギー E が常に一定になるという現象は力学的エネルギーの保存則と呼ばれます．

┃例題6.6┃ 図 6.3 において鉄の球の質量が 9[kg]，坂道の位置 Q の高さが 30[m] であったとします．最初，鉄の球が位置 Q に止まっていたとして，これが坂を下って位置 P に達したときの鉄の球 A の速度はいくらになりますか？ ここでは摩擦はないと仮定します．

[解答] この問題は力学的エネルギー保存の法則を使って解くことができます．坂道の位置 Q と坂道を下った位置 P の両方において，運動のエネルギー K と位置のエネルギー U の和が一定になりますが，位置 Q では鉄の球は止まっているので，エネルギーは位置のエネルギーの $U_Q = mgh$ のみです．また，坂道を下った位置 P では高さは 0 なので，ここでは運動のエネルギー $K = (1/2)mv^2$ のみです．

したがって，$U_Q = K$ より $mgh = (1/2)mv^2$ の関係が成り立つので，この関係式より鉄の球の速度 v は $v = \sqrt{2gh}$ と求まります．この v に $g = 9.8[\text{m/s}^2]$ と $h = 30[\text{m}]$ を代入して速度 v を計算すると $v = \sqrt{2 \times 9.8[\text{m/s}^2] \times 30[\text{m}]} = \sqrt{588}[\text{m/s}] = 24.2[\text{m/s}]$ となるので，鉄の球の速度 v は $24.2[\text{m/s}]$ と求まります． ∎

┃**例題6.7**┃ 4章に示した図4.6をここでは図E6.2として示しますが，図E6.2に示すように，質量 m_1 と m_2 の二つの物体が反対方向からそれぞれ v_1 と v_2 の速度で近づいて，正面衝突したとします．そして，衝突後は二つの物体は共に反対方向にそれぞれ v_1' と v_2' の速度で遠ざかったとします．

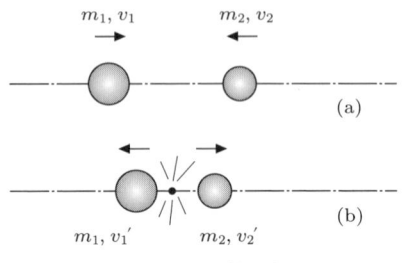

図 **E6.2** 弾性衝突

このとき，衝突した後の質量 m_1 と m_2 の二つの物体の速度 v_1' と v_2' は，4章の式 (4.17a,b) に示したように，次のように表されます．

$$v_1' = v_1 - (1+e)\frac{m_2}{m_1+m_2}(v_1 - v_2) \quad \text{(E6.1a)}$$

$$v_2' = v_2 + (1+e)\frac{m_1}{m_1+m_2}(v_1 - v_2) \quad \text{(E6.1b)}$$

ここで，e は反発係数ですが，質量 m_1 と m_2 の二つの物体が衝突したとき力学的エネルギーが保存されたとすると，このときの反発係数の e はいくらになりますか？ なお，図E6.2では右方向を正方向とします．

[解答] この問題の解答は少々複雑で込み入っていますが，順序を追ってたどればあまり難しくないので，省略しないですべて書いておくことにします．まず，この衝突では，位置のエネルギーは関係がないので，衝突の前後の運動エネルギーの変化だけを考えればよいことになります．

6.4 エネルギー保存の法則

そして，衝突の前後の運動エネルギーが等しければエネルギー保存の法則は成り立つので，衝突前後のエネルギーをそれぞれ $K_\text{前}$, $K_\text{後}$ として，これらの $K_\text{前}$ と $K_\text{後}$ のみを考えればよいことがわかります．これらの $K_\text{前}$ と $K_\text{後}$ は，次のようになります．

$$K_\text{前} = \frac{1}{2}m_1 v_1^2 + \frac{1}{2}m_2 v_2^2 \tag{E6.2a}$$

$$K_\text{後} = \frac{1}{2}m_1 v_1'^2 + \frac{1}{2}m_2 v_2'^2 \tag{E6.2b}$$

次に，衝突前後のエネルギー差を $\Delta E \, (= K_\text{前} - K_\text{後})$ とする．ΔE は次のようになります．

$$\Delta E = \frac{1}{2}m_1 \left(v_1^2 - v_1'^2\right) + \frac{1}{2}m_2 \left(v_2^2 - v_2'^2\right) \tag{E6.3}$$

そして，この式 (E6.3) の $(v_1^2 - v_1'^2)$ と $(v_2^2 - v_2'^2)$ は，式 (E6.1a,b) を使って，次のようになります．

$$v_1^2 - v_1'^2 = -\frac{(v_1 - v_2)^2 (1+e)^2 m_2^2}{(m_1 + m_2)^2} + \frac{2\{(v_1 - v_2)(1+e) m_2 v_1\}}{m_1 + m_2} \tag{E6.4a}$$

$$v_2^2 - v_2'^2 = -\frac{(v_1 - v_2)^2 (1+e)^2 m_1^2}{(m_1 + m_2)^2} - \frac{2\{(v_1 - v_2)(1+e) m_1 v_2\}}{m_1 + m_2} \tag{E6.4b}$$

これらの式 (E6.4a) と式 (E6.4b) に，それぞれ $(1/2)m_1$ と $(1/2)m_2$ を掛けると，次の二つの式が得られます．

$$\frac{1}{2}m_1\left(v_1^2 - v_1'^2\right) = -\frac{(v_1 - v_2)^2 (1+e)^2 m_2^2 m_1}{2(m_1 + m_2)^2} + \frac{(v_1 - v_2)(1+e) m_2 m_1 v_1}{m_1 + m_2} \tag{E6.5a}$$

$$\frac{1}{2}m_2\left(v_1^2 - v_1'^2\right) = -\frac{(v_1 - v_2)^2 (1+e)^2 m_1^2 m_2}{2(m_1 + m_2)^2} - \frac{(v_1 - v_2)(1+e) m_2 m_1 v_2}{m_1 + m_2} \tag{E6.5b}$$

したがって，これらの式 (E6.5a,b) を使うと，式 (E6.3) の ΔE は次のように計算できます．

$$\Delta E = \frac{(v_1 - v_2)(1+e) m_2 m_1}{m_1 + m_2} \left\{ -\frac{(v_1 - v_2)(1+e)(m_1 + m_2)}{2(m_1 + m_2)} + (v_1 - v_2) \right\}$$

$$= \frac{(v_1 - v_2)^2 (1+e) m_2 m_1}{m_1 + m_2} \left\{ -\frac{(1+e)}{2} + 1 \right\}$$

$$= \frac{(v_1 - v_2)^2 (1+e)(1-e) m_2 m_1}{2(m_1 + m_2)}$$

$$= \frac{1}{2} (1 - e^2) \frac{m_1 m_2}{(m_1 + m_2)} (v_1 - v_2)^2 \tag{E6.6}$$

この式 (E6.6) において ΔE が 0 になる条件は,$1 - e^2 = 0$ すなわち $e = \pm 1$ であることがわかります.4 章で示したように反発係数 e はプラスの量なので,e は $e = 1$ となります.

なお,反発係数 e が 1 になるような衝突では,衝突した二つの物体はエネルギーを全く失うことなく 100%の反射をして反対方向に進むので,このような衝突は弾性衝突と呼ばれます.   ■

6.5 仕　事　率

▶馬力は 1 頭の馬が引く荷馬車の仕事から

現在では,もう 100 年以上昔の話になりますが,昔は荷馬車が荷物を運んでいたので,時間あたりに運ばれる荷物の量 (仕事) は馬力で表されていました.馬力は 1 頭の馬が引く馬車が継続的に行う時間あたりの仕事を表しています.現在では時間あたりになされる仕事は,仕事率と呼ばれワットという単位が使われます.そして,仕事率の単位ワットの記号には [W] が使われています.なお,1 馬力をワットで表すと,1 馬力 = 535.5[W] となります.

ワットといえば電球とかヒーターとか家庭電気製品が頭に浮かぶ人が多いのではないでしょうか.ワットは電力を表すからです.しかし,ここでの仕事率の話は機械的な仕事に関係することに限って,電力の話は別の本で述べます.

仕事率は荷物を運ぶ場合だけではなく,機械を動かす動力の時間あたりにする仕事の能力を表すために広く使われています.車のエンジンなどの時間あたりになされる仕事も仕事率で表されます.たとえば,仕事率の大きなエンジン

を使うと多くの仕事をすることができます．

さて仕事率ですが，これには記号 P が用いられ，仕事 W と時間 t を使って，次の式で表されます．

$$P = \frac{W}{t} [\text{J/s}] \tag{6.18}$$

仕事率 P の単位は仕事 $W[\text{J}]$ を時間 $t[\text{s}]$ で割ったものなので，$[\text{J/s}]$ となりますが，この仕事の単位にはワット $[\text{W}]$ も使われ，$[\text{J/s}]$ は $[\text{W}]$ に等しいので次の関係が成り立ちます．

$$[\text{W}] = [\text{J/s}] \tag{6.19}$$

6.1 節で説明したように，仕事 W は物体に力を加えて物体をある距離動かしたものです．6.1 節では距離に x を使ったが，一般には距離の記号としては s が使われるので，ここでは距離を s で表すことにします．すると，仕事 W は力 F に距離 s を掛けたものになり，式 (6.18) で表される P は次のようになります．

$$P = \frac{W}{t} = \frac{Fs}{t} \tag{6.20a}$$

動力機械などの仕事率を表すには，距離 s を使うよりも速度 v を使う方が便利な場合も多いので，v を使うと $vt = s$ の関係があるので，式 (6.20a) は，次のようになります．

$$P = \frac{W}{t} = \frac{Fs}{t} = \frac{Fvt}{t} = Fv \tag{6.20b}$$

この式 (6.20b) は車などの，動いて仕事をする機械の仕事率を求めるには便利な仕事率の式です．

┃**例題6.8**┃ 質量が $800[\text{kg}]$ の車が時速 $54[\text{km}]$ の速度で等速運動しています．この車のタイヤと道路の間の運動摩擦係数 μ' を 0.15 とすると，この車の仕事率はいくらになるでしょうか？

［解答］動いている物体の仕事率 P は式 (6.20b) で表されますので，この式 (6.20b) を使うことができます．道路との間に摩擦力が働く場合には車には加速度 $\mu'g$ が働いて，常に力 $F = mg\mu'$ が加わっています．車に加わる力 F は $F = 800[\text{kg}] \times 9.8[\text{m/s}^2] \times 0.15 = 1176[\text{kgm/s}^2]$ となりますので，これと速度 $v = 54000[\text{m}]/3600[\text{s}] = 15[\text{m/s}]$ を式 (6.20b) に代入して計算すると，仕事率

P は $P = 1176[\text{N}] \times 15[\text{m/s}] = 1.76 \times 10^4[\text{J/s}] = 1.76 \times 10^4[\text{W}]$ と計算できるので，仕事率は $= 1.76 \times 10^4[\text{W}]$ と求まります． ∎

演 習 問 題

6.1 床から 1[m] の高さの台の上に 10[g] の物体が置いてある．この物体の位置のエネルギーはいくらか？

6.2 質量が 500[kg] の車が毎時 54[km] の速度で走っている．この車の運動エネルギーを毎時 36[km] の速度で走っている質量が 2 トン (2000[kg]) のトラックの運動エネルギーと比べると，どちらの運動エネルギーが大きいか？

6.3 ばね定数 k が 5.0[N/m] のばねを長さ 20[cm] 引っ張ったときのポテンシャルエネルギーは，床から 1[m] の高さの台に乗せた 10[g] の物体の位置のエネルギーと比べるとどちらのエネルギーが大きいか？ ただし，位置のエネルギーの基準面は床の位置とせよ．

6.4 重さが 10[g] のおもりを付けた，ばね定数 k が 5.0[N/m] のばねを 20[cm] 引っ張って離したところ，ばねに付けたおもりが振動を始めた．このおもりの運動の最大速度 v はいくらになるか？

6.5 坂道の下の平らな道からの高さが 10[m] の坂道の上に質量が 5[kg] の鉄の球が置いてある．この鉄の球が転がって坂道の下の平らな道まで来た．鉄の球が平らな道に着いたときの鉄の球の速度 v はいくらになるか？ ただし，鉄の球と坂道の間の摩擦力は無視せよ．

6.6 先端に取り付けたおもりの質量が 2[kg] の単振り子を，図 M6.1 に示すように，左方向に引っ張り上げ，高さが 30[cm] の位置でおもりを離した．この後，単振り子は右に振れるが，おもりが中心にある O 点を通過する瞬間のおもりの速度 v

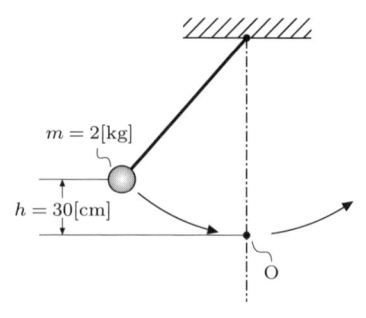

図 **M6.1** 振り子のエネルギー保存

を求めよ．

6.7 地上 20[m] の高台の上から，質量が 0.05[kg] の物体を 2.5[m/s] の速度 v で水平前方向に投げた．投げてから 2 秒後の，この物体の位置のエネルギーと運動エネルギーを求めよ．

6.8 質量が 1200[kg] の車が時速 54[km] で走っている．車はしばらく走ってから，エンジンを止めたらしく，あるときから速度が落ちた．車は速度が落ち始めてから 100[m] 走って止った．この車のタイヤと路面との間の運動摩擦係数 μ' を求めると共に，エンジンを止めてから車が止まるまでにこの車が失ったエネルギーを求めよ．

6.9 平らな路上を時速 54[km] で走っている質量が 1000[kg] の車があるとする．ある地点からこの車が，傾斜角度が 30 度の坂道を登り始めた．車が坂道を 20[m] だけ進んだ位置における車の位置のエネルギーと運動エネルギーおよび速度はいくらになるか？　ただし，摩擦などによるエネルギーの損失はないと仮定せよ．

6.10 平らな自動車道からの高さが 30[m] の坂道の上でブレーキをかけて止まっている質量が 1200[kg] の車がある．この車がブレーキをはずし，エンジンの力なしに坂道を下り，下の平らな道を走り始めたが，20[m] 走って止まったという．車の仕事率を求めよ．ただし，坂道には摩擦などによるエネルギーの損失はないが，平らな道では車の転がり摩擦によりエネルギーが失われるものとせよ．

Chapter 7

剛体および流体の力学

　ここまでの章においては物体を暗黙のうちに点 (質点) として扱ってきましたが，実際の物体には大きさがあります．大きさを持つ物体は力学では剛体と呼ばれるので，この章では剛体をとりあげ，重心や力のモーメントについて学ぶと共に，剛体運動の基礎を見ておこうと思います．また，私たちの身のまわりにふんだんに存在する空気や水などの流体がどのような力学の法則に従っているかを調べ，これら流体の神秘の一端に触れてみることにします．

7.1 剛体と剛体に働く力

7.1.1 剛体に働く力

▶大きさを持つ力学的に理想的な物体が剛体

　これまでは物体をその質量が1点に集中した点物体 (質点) として扱ってきました．物体の単純な運動を考える場合には，質点として取り扱うのが都合がよいし，この扱いで十分でもあるのですが，物体の大きさが問題になるような力学の問題の場合には，物体を質点に近似した扱いではうまくいきません．

　そうした場合には，物体は大きさのあるものとして扱う必要があります．代表的な例としては，物体の形や大きさが物体の運動に影響を与える場合や，大きさのある物体の静止状態での安定性などの問題があります．大きさのある物体の回転運動も質点を使ったのでは扱いきれない重要な課題の一つです．

　さて，剛体ですが，剛体は大きさを持った物体のことです．そして，剛体とはこれに外部から力を加えても，その形状が変化することのない力学的に理想的な物体のことを言います．このことは次のようにも説明できます．すなわち，剛体は多くの質点の集まりで構成されていると考えられるのですが，これに外部から力を加えても剛体を構成する各質点間の距離は変化することがないとされているのです．

したがって，剛体は力学的に考えられた理想的な物体だといえます．しかし，現実に存在する物体は，力を加えると確実にわずかには変形します．しかし，その変形量はわずかな場合も多いのです．すなわち，力を加えたことにより起こる変形は無視できるほどわずかなので，物体を剛体に近似してもなんら問題がない場合も多いのです．したがって，剛体モデルの適用できる実際問題はたくさんあります．

では，剛体に対して力はどのように働くでしょうか？　これを見てみましょう．いま，図 7.1 に示すような外形を持った剛体と見なせる物体があるとしましょう．この剛体のある位置の点 P に左方向から矢印の方向に力 F を加えたとすると，この点に力が作用しているという意味で，この点 P は作用点と呼ばれます．

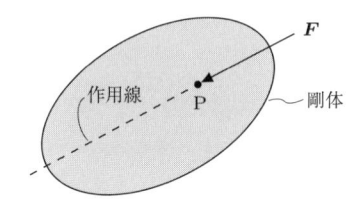

図 7.1　力 F，作用点 P，作用線の関係

点 P を通る力 F の方向と一致する，破線で示す直線は作用線と呼ばれます．そして，作用線上であれば作用点が点 P の位置から別の位置に変わっても，剛体に働く力 F の効果は変化しません．このことは作用線の定理と呼ばれています．

ここで断っておきますが，剛体の力学は 3 次元の現象なので，本来はすべて 3 次元を表すベクトル表示で書くべきです．しかし，簡潔かつ平易にするために，一部の基本的な事項を除いては，1 成分を用いて 1 次元の現象のようにスカラー表示で書くことにします．

7.1.2　質量中心と重心

▶重心とは質量中心のこと

剛体では重心が重要になります．というのは，たとえば剛体の運動を考える

場合には，剛体の全質量が重心にあると考えるからです．重心は剛体の全質量が1点に集中したと仮定したときの座標位置になるので，この位置は質量中心になります．したがって，剛体の重心と質量中心は同じということになります．

いま，剛体が i 個の質点で構成されていて，各質点の質量を m_i とし，重心の位置ベクトルは，これを $\boldsymbol{r}_G$ とすると，次の式で与えられます．

$$\boldsymbol{r}_G = \frac{\sum_i m_i \boldsymbol{r}_i}{\sum_i m_i} = \frac{\sum_i m_i \boldsymbol{r}_i}{M} \tag{7.1a}$$

重心の位置座標を直交座標の x, y, z 成分で表すと，各成分は次のようになります．

$$r_x = \frac{\sum_i m_i x_i}{M}, \quad r_y = \frac{\sum_i m_i y_i}{M}, \quad r_z = \frac{\sum_i m_i z_i}{M} \tag{7.1b}$$

ここで，M は剛体を構成するすべての質点の質量の合計，すなわち剛体の質量を表しています．なお，各座標位置は基準点に対してプラスとマイナスの両方の符号をとります．

任意の形状の剛体の重心を決めるのは難しそうですが，剛体の場合には重心を実験的に決めるうまい方法があります．すなわち，剛体の重心は，剛体の任意の位置に紐を付けてこれを吊り下げることによって決めることができるのです．いま，図 7.2 に示すような外形を持った剛体があるとしましょう．この剛体をまず，×印で示した点 A に紐を固定して天井などの高い場所から吊り下げます．そして，吊り下げた状態で点 A から，破線で示すように鉛直線を引きます．

次に，剛体の別の位置，たとえば点 B (同じく ×印で示した) に紐を固定して再び剛体を吊り下げます．そして，同様に点線で示すように鉛直線を引くと，

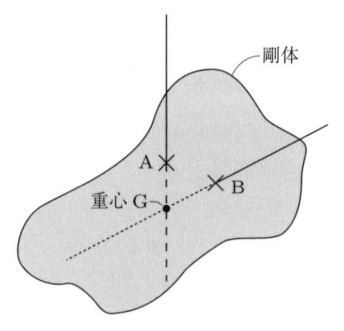

図 7.2　剛体 (物体) の重心の決め方

破線と点線の 2 本の鉛直線が交わる点が得られますが，この 2 本の線の交点 (黒丸で示した) が重心 G になります．

▶ ピサの斜塔はなぜ倒れないか？

ピサの斜塔は傾いたまま何百年間も建ち続けている不思議な建物です．なぜ，ピサの斜塔は建ち続けることができるのでしょうか？ ここでは，ピサの斜塔を一つの剛体とみなして倒れない理由を考えてみましょう．

まず，一般論から考えることにして，図 7.3(a) と (b) に示す二つの例を使って説明することにします．図 7.3(a) には床に置いた下半分が大きく，上半分が小さい安定した物体を示しました．また，図 7.3(b) には同じく床に置いた斜めに傾いた外形の物体を示しました．

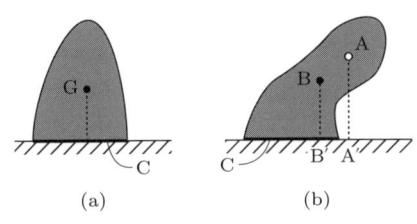

図 **7.3** 剛体 (物体) の安定性

この図 (b) の傾いた物体では，重心が◯印で示す点 A にある場合と，同じく●印で示す点 B にある場合の二つのケースがあると仮定することにします．そして，重心が点 A にある場合の重心から床におろした鉛直線の位置を A′ とし，重心が点 B にある場合の同じく床に下ろした鉛直線の位置を B′ とすることにします．そして，床と接する底の部分 (の面積) は共に C で表すことにします．

これらの物体の中で安定に静止できるものは，図 (a) に示す物体の場合と，図 (b) に示す物体では，重心の位置が点 B にあるときのものです．図 (b) においては，重心の位置が点 A にあるときには，点 A から下におろした鉛直線の位置 A′ が床の底の部分 C から外れているので，この物体は不安定です．というのは，平らな面 (今の場合床の面) に置かれたものが安定して静止続けることができるかどうかは，重心から下におろした鉛直線がこれを置いた平らな面 (床) のどこにくるかによるのです．

すなわち，物体を置いた平らな面 (床の面) に重心から下ろした鉛直線の位置が，物体の底 C の面内にあれば置いたものは安定ですし，底 C の面内から外れると物体は安定に静止し続けることはできません．図 (b) の物体においては，重心が A にあるときには A′ は底の部分 C から外にはみ出していますが，重心が B にあるときには鉛直線上の点 B′ は底の部分の C の領域に入り込んでいるので安定なのです．

ピサの斜塔は斜めに傾いていますが，図 7.3(b) に示す例で説明すると，その重心が点 B にある場合に相当しているのです．そのために一見するといまにも倒れそうに見えても，重心からの鉛直線が建物の底の部分の内部に入った位置にくるので，ピサの斜塔は見かけ以上に安定なのだと思われます．

7.1.3 力のモーメントと力のつり合い

剛体は大きさを持った物体であるために，点状の質点にはありえない動きが生じます．それは物体自身の回転です．物体が回転するためには物体にトルクを加える必要があると言われます．実は，回転軸のまわりのトルクは力学では力のモーメントと呼ばれています．

力のモーメントは剛体 (物体) に加える力 F と腕の長さ l で決まると言われます．どういうことでしょうか？ これを図を使って説明すると，図 7.4 に示すようになります．この図 7.4 では剛体はずんぐりした棒状の形をしています．いま，力 F が剛体の点 P へ加えられたとしましょう．すると点 P が作用点になります．

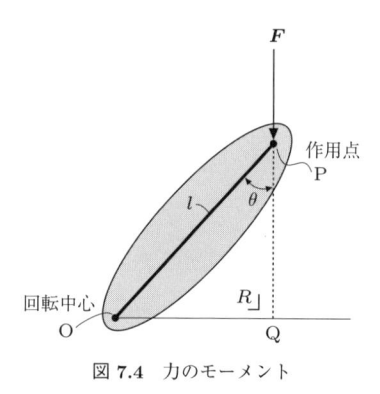

図 7.4 力のモーメント

腕の長さ l は点 P を始点として剛体の回転中心になる点 O まで伸びています．ですから，腕の長さを示す l は大きさが OP のベクトルです．一方，力 F は方向が点 P から点 Q に向くベクトルになります．そして，破線で示す力 F の作用線と腕の長さ l のなす角度を θ とすることにします．

以上で準備が終わったので，次に腕の長さが l の棒に力 F を加えたときの力のモーメントを式で表してみましょう．力のモーメントを N で表すことにすると，力のモーメント N は次の式で与えられます．

$$N = F \times l \tag{7.2a}$$

この式 (7.2a) の力 F と腕の長さ l は共にベクトル量ですから，この式はベクトル積になっています．

ベクトル積については付録で説明しますが，少しアドバンストな内容になるので，ここではベクトル積を使わないで式 (7.2a) の内容を普通の文字記号 N, F, l を使って平易に書くと，次のようになります．

$$N = Fl\sin\theta \tag{7.2b}$$

ここで θ はすでに説明したように，剛体へ加える力 F の方向を表す作用線と腕 l の方向との間の角度です．したがって，$l\sin\theta$ の大きさ (値) は図 7.4 においては OQ になります．

力のモーメント N は剛体 (物体) を回転させようとする力，すなわち回転力を表していますが，力のモーメント N の大きさは剛体の腕 l に対してどの方向から力を加えるかによって変わります．点 O を中心としての回転ならば，ひとめ見てわかるように剛体の腕 OP (長さ l) に対して垂直に力 F を加えると，剛体はもっとも効率よく回転します．だから，このとき ($\theta = \pi/2$) 剛体には最大の回転力が与えられるので，力のモーメント N は最大になります．

しかしながら，剛体の腕 l に対して加える力 F の方向が腕 l に平行な場合には，すなわち θ の値がゼロの場合には力 F を加えても剛体は全く回転できないので，このときの力のモーメント N の値は 0 になります．式 (7.2b) の θ に $\theta = 0$ を代入すると力のモーメントが 0 になることから確かめることができます．

▶力のモーメントの和が 0 のとき力はつり合う

次に剛体の力のつり合いですが，剛体に加わる力のモーメントの和が 0 になるとき，剛体の回転は起こらなくなり，その剛体では力がつり合うようになるので，これを具体的な例で見てみましょう．いま，図 7.5 に示すように，固定軸の先端の点 C の上に長さ $l\ (= l_1 + l_2)$ の剛体を横たえたとき，左右の先端に加わる力を剛体による重力も含めて F_1, F_2 とすることにします．

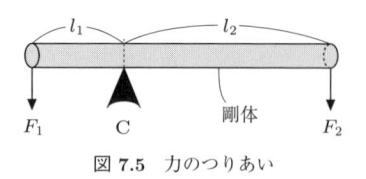

図 7.5 力のつりあい

このとき，剛体の左右の長さと，左右の力の l_1, F_1, l_2, および F_2 の間に，次の関係

$$F_1 \times l_1 = F_2 \times l_2 \tag{7.3a}$$

が成り立つとき剛体の固定軸の左右の力のモーメントは等しくなり，剛体は回転しないで静止します．つまり，このとき剛体はつり合います．

この式 (7.3a) において，右辺の $F_2 \times l_2$ を左辺に移すと，次の式が成り立ちます．

$$F_1 \times l_1 - F_2 \times l_2 = 0 \tag{7.3b}$$

力のモーメントの正負の符号は，反時計回りをプラス，時計回りをマイナスにとるのが慣例ですので，このことを考慮すると，式 (7.3b) の左辺は固定軸の先端の点 C における力のモーメントの和になっています．したがって，この式 (7.3b) は力のモーメントの和が 0 になるときに剛体がつり合うことを示しています．

ところで，太古から人々は大きな石などを巧みに動かしてきましたが，このことは「てこ」を使うことによって達成されてきました．実は，図 7.5 に示した剛体のつり合いの図は「てこの原理」を表しています．すなわち，F_1 の力が大き過ぎて人力では動かせないような大きな石 (の重力) による力だとしても l_1

と l_2 の長さの比を，たとえば，1:20 にとれば F_1 は 1/20 の力 ($\fallingdotseq F_2$) で動かすことができるので，人は自分の力の 20 倍の力で大きな石を動かせるようになります．こうして人々は太古の昔から「てこの原理」を使って大きな仕事してきました．

▶ねじる力は偶力に基づいている

平行な二つの力，たとえば，図 7.5 に示した F_1 と F_2 は加えると合力になり，合力の大きさは $F_1 + F_2$ になります．しかし，図 7.6 に示すように，大きさが等しく反平行な力 F と $-F$ は加えても合力にはなりません．このような大きさが等しく反平行な一対の力は偶力と呼ばれます．

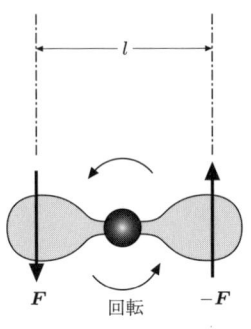

図 7.6　ねじに働く偶力

図 7.6 には取っ手付きのねじを示しましたが，ねじり取っ手の回転には偶力が利用されています．偶力は剛体 (物体) を回転させることができるからです．偶力による回転力は偶力のモーメントと呼ばれます．この場合も反時計回りの方向がプラスで，時計回りの方向はマイナスなので，図 7.6 のねじにおける偶力のモーメントは Fl と $-Fl$ になります．ここで，l は図 7.6 に示しましたが，取っ手の中心の間の間隔です．

7.1.4　慣性モーメント

▶慣性モーメントは質量に似ている？

力のモーメントや慣性モーメントについては 5 章ですでに説明しましたが，これらは剛体においては特に重要です．ことに慣性モーメントは剛体の回転運

動では非常に重要になるので，ここでは見方を少し変えて慣性モーメントを少し詳しく見ておくことにします．

質量を「重さ」と勘違いする人がときどきいますが，質量で重要なことは慣性なのです．慣性とは姿勢や運動を維持しようとする性質だから，静止しているものは質量が大きいほど動かしにくいし，動いている物体は質量が大きいほどその動きを止めにくいことになります．この性質は物体の直線運動において基本的に重要なことですが，剛体 (物体) の回転運動において直線運動における質量と同じような役割を担っているものが慣性モーメントなのです．

慣性モーメントの大きい剛体 (物体) では，回転運動を起こしにくいし，いったん回転を始めた剛体はそのまま回転し続けようとします．したがって，大きな慣性モーメントをもった剛体の回転運動は止めることが容易でなくなるのです．

では，慣性モーメントはどのような数式で表されるのでしょうか？ これを回転という物理現象の元から考えてみましょう．5 章で説明したように，回転運動では角運動量が重要ですが，角運動量 l はすでに説明したように，次の式で表されます．

$$l = pr = mv \times r \tag{7.4a}$$
$$= m\omega r \times r = mr^2 \omega \tag{7.4b}$$

ここで，ω は角速度です．

物体の直線運動において角運動量に対応するものは運動量 p になりますが，運動量 p はよく知られているように，次の式で表されます．

$$p = mv \tag{7.5}$$

物体の回転運動を直線運動と対比させて考えると，直線運動の速度 v は回転運動の角速度 ω に対応します．このことに注意して，式 (7.4b) と式 (7.5) を比較して眺めると，回転運動において直線運動における質量 m に相当するものは，式 (7.4b) の mr^2 であることがわかります．運動量の式の質量 m は慣性という性質を持っているので，角運動量の式の対応する項は mr^2 になるので，mr^2 の項も慣性の性質を持っていることが予想できます．実はこの mr^2 が慣性モーメントを表しているのです．

ここで注意しなければならないことがあります．r は一般の回転運動では回転半径ですが，物体の慣性モーメントの場合には，r は回転軸からの距離になるということです．質点が形を持っていて少し奇妙ですが，1 個の質点で構成される物体の慣性モーメントは，次の式で表されることになります．

$$|\boldsymbol{I}| = mr^2 \tag{7.6a}$$

多くの質点の集合で構成されている剛体の場合には，質量としては多くの質点の質量を考えなければなりませんし，各質点は別々の座標位置に存在するので回転軸からの距離 r の値も変わります．これらを考慮した剛体の慣性モーメントを $\boldsymbol{I}$ とすると，慣性モーメント $\boldsymbol{I}$ は次の式で与えられます．

$$|\boldsymbol{I}| = \sum_i m_i r_i^2 \tag{7.6b}$$

ここで，m_i は剛体を構成する多くの質点の中の i 番目の質点の質量を表しています．r_i は i 番目の質点の回転軸からの距離を表しています．ですから，r_i は剛体の腕の長さの構成要素を表しているとも言えます．

質量 m は物体の運動状態の変化しにくさを表していると言えるので，これに対応する慣性モーメントは物体の回転状態の変化のしにくさを表しています．なお，物体が連続体の場合には，式 (7.6b) の和 $\sum_i$ は積分に置き換えられて，慣性モーメント $\boldsymbol{I}$ は ρ (ロー) を剛体の密度とすると，次の式で表されます．

$$|\boldsymbol{I}| = \int \rho r^2 dV \tag{7.6c}$$

ここで，V は剛体 (物体) の体積です．

なお，慣性モーメントが $\boldsymbol{I}$ の (大きさを持つ) 剛体の角運動量 $\boldsymbol{L}$ は，式 (7.4b) に対応して，次の式で表されます．

$$\boldsymbol{L} = \boldsymbol{I}\omega \tag{7.7}$$

また，回転運動のエネルギーを $\boldsymbol{K}$ で表すと，回転運動エネルギー $\boldsymbol{K}$ は，次の式で表されます．

$$\boldsymbol{K} = \frac{1}{2}\boldsymbol{I}\omega^2 \tag{7.8}$$

ここでも，質点の運動エネルギー $\boldsymbol{K}$ が $(1/2)mv^2$ で表されるので，慣性モー

メント I は質量 m に対応していることがわかります．

7.2 剛体の運動

7.2.1 剛体の運動方程式

剛体の運動は剛体の重心の運動方程式と重心のまわりの回転運動の方程式で決まります．剛体の重心の位置ベクトルはすでに示したように r_G なので，質量が M の剛体の重心の運動方程式は，ニュートンの第二法則にならって，次の式で表されます．

$$\frac{M d^2 r_G}{dt^2} = F \tag{7.9}$$

したがって，位置ベクトルの r_G を x, y, z 成分に書き下すと，ここでは記載は省略しますが，重心の運動方程式は 3 個できることになります．

7.2.2 回転運動の方程式

まず，ニュートンの第二方程式は $ma = F$ なので，これは $md^2r/dt^2 = F$ と書けるが，位置座標 r の代わりに速度 v を用いると，$mdv/dt = F$ となります．質量の m は時間の関数ではないので定数として扱うと，この式の左辺は $d(mv)/dt$ と書くこともでき，結局，ニュートンの運動方程式は，次の式で表せることがわかります．

$$\frac{d(mv)}{dt} = F \tag{7.10}$$

この式を使って回転運動の方程式は，次のようにして作ることができます．力のモーメント N は力 F と距離 r の積の $r \times F$ となることを考えて，式 (7.9) の両辺に左から位置ベクトル r を掛けますと次の式が得られます．

$$r \times \frac{d(mv)}{dt} = r \times F \tag{7.11}$$

この式 (7.11) の左辺は，r は時間の関数ではないので定数と見なして r を括弧の中に入れると，括弧の中は $r \times mv$ となるが，これは角運動量なので L と書けます．また，右辺は力のモーメントなので，これは N と書けます．これらのことを考慮すると，式 (7.11) は次のように書き換えることができます．

$$\frac{\mathrm{d}\boldsymbol{L}}{\mathrm{d}t} = \boldsymbol{N} \tag{7.12}$$

この式 (7.12) は角運動量 $\boldsymbol{L}$ の方程式とも呼ばれますが，この式は剛体の回転運動の方程式になっています．

角運動量 $\boldsymbol{L}$ に式 (7.7) で表される関係を使うと，剛体の回転運動の方程式の式 (7.12) は次のようになります．

$$\frac{\mathrm{d}(\boldsymbol{I}\omega)}{\mathrm{d}t} = \boldsymbol{N} \tag{7.13a}$$

$$\boldsymbol{I}\frac{\mathrm{d}\omega}{\mathrm{d}t} = \boldsymbol{N} \tag{7.13b}$$

剛体の回転運動の方程式として，式 (7.12) と式 (7.13b) の二つの式が得られましたが，これらは共に剛体の有益な回転運動の方程式で，目的によって使い分けられています．

‖例題7.1‖ 長さが $2l$ で質量が M の細い一様な棒があります．この棒の中点に垂直に回転軸があるとして回転軸に対する慣性モーメント I を求めて下さい．

[解答] 棒の中点を原点 O として棒に沿って x 軸をとり，原点から x の距離に微小部分 Δx を考えることにしましょう．そして棒の密度を ρ とすると，この微小部分の質量 Δm は，$\Delta m = \rho \Delta x$ となります．棒のこの部分の慣性モーメント ΔI は次の式で表されます．

$$\Delta I = x^2 \Delta m = \rho x^2 \Delta x \tag{E7.1}$$

したがって，細い棒の全体の慣性モーメント I は，x を $-l$ から l まで積分すると得られるので，I は次の式で与えられます．

$$I = \rho \int_{-l}^{+l} x^2 \mathrm{d}x = \rho \left[\frac{1}{3}x^3\right]_{-l}^{l} = \rho \frac{2}{3}l^3 \tag{E7.2}$$

題意により，$2l\rho = M$ となるので，式 (E7.2) よりこの棒の慣性モーメント I は，$I = (1/3)Ml^2$ と求まります． ■

‖例題7.2‖ 水平面に対して角度 θ だけ傾いた斜面に，図 E7.1 に示すように，質量密度が一様な質量が M で，半径が r の球を考えることにします．この球は斜

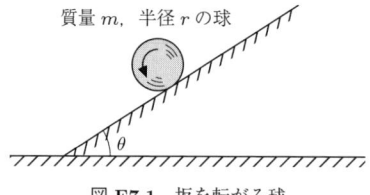

図 E7.1 坂を転がる球

面に摩擦力 $F_{摩擦}$ が働くために斜面を滑らないで回転しながら転がって斜面を下っています．この斜面を回転して転がっている球の重心の加速度の大きさはいくらになるでしょうか？ なお，半径 r の球の慣性モーメント I は，$(2/5)Mr^2$ で表されるとします．

［解答］まず，角速度 ω で回転している半径 r の球の速度 v は，$v = r\omega$ となります．また，坂を下る球の速度を v とすると，図 E7.2 を参照して，次の運動方程式が成り立ちます．

$$M\left(\frac{dv}{dt}\right) = Mg\sin\theta - |\boldsymbol{F}_{摩擦}| \tag{E7.3}$$

また，式 (7.13b) で表される球の回転モーメント $\boldsymbol{N}$ は摩擦力 $\boldsymbol{F}_{摩擦}$ によるモーメント $\boldsymbol{F}_{摩擦} \times \boldsymbol{r}$ とつり合うので，次の式が成り立ちます．

$$\boldsymbol{I}\frac{d\omega}{dt} = \boldsymbol{F}_{摩擦} \times \boldsymbol{r} \tag{E7.4}$$

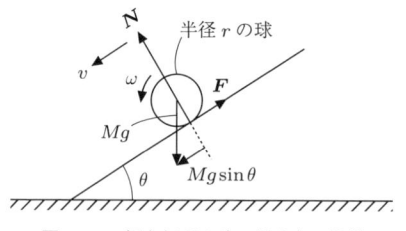

図 E7.2 坂を転がる球に働く力の関係

次に，速度 v と角速度 ω の間の $v = r\omega$ の関係を使うと，$d\omega/dt = (1/r)dv/dt$ の式が得られるので，この式を式 (E7.4) に代入すると，摩擦力 $\boldsymbol{F}_{摩擦}$ は $|\boldsymbol{F}_{摩擦}| = (I/r^2)(dv/dt)$ となります．こうして得られた摩擦力 $|\boldsymbol{F}_{摩擦}|$ を式 (E7.3) に代入すると，次の式が得られます．

$$M\left(\frac{dv}{dt}\right) = Mg\sin\theta - \frac{I}{r^2}\frac{dv}{dt} \tag{E7.5}$$

この式 (E7.5) より，坂を転がり落ちる球の加速度 $a = dv/dt$ は，次の式で与えられることがわかります．

$$a = \frac{dv}{dt} = \frac{Mg\sin\theta}{M + (I/r^2)} \tag{E7.6}$$

この式 (E7.6) に球の慣性モーメント I の $I = (2/5)Mr^2$ を代入すると，加速度 a の大きさは $a = (5/7)g\sin\theta$ と求まります． ∎

7.3 流体の力学の基礎

7.3.1 流体の力学の基礎事項

▶それなしでは生きられない空気と水は流体

流体力学は一つの大きな分野なので，詳しく述べるには相当の紙幅が必要になります．したがって，これを簡単に述べることは困難です．しかし，「流れる」という性質を持つものが流体と呼ばれるものなので，流体には気体や液体など身の回りの物理現象にかかわる基本的なものが含まれています．

私たちがその中に住んでいる空気は流体ですし，私たちのまわりにふんだんにある水も流体です．このために流体の力学である流体力学は私たちの生活と深く関わっているので，このことを考えて流体力学の基礎について，ここで簡単に説明しておくことにします．

▶圧力は不思議に見えることもある

流体の力学を述べるには圧力という物理量が基本的に重要になるので，まず圧力について考えてみましょう．圧力を P で表すことにすると，圧力 P は次の式で示すように，力 F を，これの加わる面積 S で割ったものになります．

$$P = \frac{F}{S} \tag{7.14}$$

ここで，圧力 P の単位を求めておくと，圧力の単位はパスカル [Pa] と呼ばれ [Pa] = [N]/[m^2] で表されます．式 (7.14) を使って圧力の単位を確認しておくと，力 F の単位はニュートン [N] = [kgms^{-2}]，面積 S の単位は [m^2] なので，

これらを式 (7.14) に代入して圧力の単位を求めると $[\text{kgm}^{-1}\text{s}^{-2}]$ となります．ですから，パスカル [Pa] を MKS 単位で表すと，$[\text{Pa}] = [\text{kgm}^{-1}\text{s}^{-2}]$ となることがわかります．ここで単位の s^{-2} は $1/\text{s}^2$ のことで，共に使うことにします．

圧力が式 (7.14) で表されるために，ちょっと考えると不思議に見える現象も起こります．たとえば，図 7.7 に示すように，30[kg] の石を乗せて 4000 本の釘の付いた板の下に一人の人が寝ているとします．この人はのんびり寝ていて大丈夫でしょうか？ つまり，板の下向きの釘はこの人を傷つけることはないでしょうか？

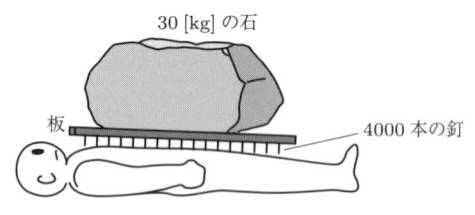

図 **7.7** 石を乗せた釘付きの板の下に横たわる人

これを調べてみましょう．いま，石の載っている板の1辺の長さを 30[cm] とすると，板の面積は $0.09[\text{m}^2]$ になるので，この人に加わる全体の圧力を P_t とすると，石の重さは $30[\text{kg}] \times 9.8[\text{ms}^{-2}] = 294[\text{kgms}^{-2}] = 294[\text{N}]$ となるので，圧力 P_t は $P_t = 294[\text{kgms}^{-2}]/(0.09[\text{m}^2]) = 3.27 \times 10^3 [\text{kgm}^{-1}\text{s}^{-2}] = 3.27 \times 10^3 [\text{Pa}]$ となります．

こうして板全体に加わる圧力は相当大きい値 ($3.27 \times 10^3 [\text{Pa}]$) になりましたが，1本の釘が受け持つ板の面積は板全体の 4000 分の 1 の面積になるので，1本の釘に加わる力は圧力に板の 4000 分の 1 の面積を掛けたものになります．計算してみると，この力は圧力に面積を掛けて $3.27 \times 10^3 [\text{Pa}] \times (0.09[\text{m}^2]/4000) = 0.0736[\text{N}]$ となります．この力は質量が 7.5[g] のものの重さに相当しますが，この程度の重さなら，この力が釘に加わっても釘が人を傷つけることはないと考えられます．

しかし，この計算では 4000 本の釘に石の重さが均等に加わると仮定しましたが，人間の場合には表面に凹凸があるので，少数の釘で石の重さを支えることも起こり得ます．すると釘 1 本当たりに加わる力も計算値よりずっと大きくなります．だから，危険な場合も起こり得ますので，図 7.7 に示すような実演

7.3 流体の力学の基礎

はしないでいただきたい.

次に,圧力の元になる物理量についての基礎事項をここで確認しておきましょう. まず密度を ρ で表すことにします. 密度 ρ は物体の質量 m をその体積 V で割ると得られるので,ρ は次の式で与えられます.

$$\rho = \frac{m[\mathrm{kg}]}{V[\mathrm{m}^3]} = \frac{m}{V} \ [\mathrm{kgm}^{-3}] \tag{7.15a}$$

たとえば,水の密度は $1[\mathrm{g}]$ の水を $1[\mathrm{cm}^3]$ で割ればよいので,次のように求まります.

$$\text{水の密度} = \frac{1[\mathrm{g}]}{1[\mathrm{cm}^3]} = \frac{1 \times 10^{-3}[\mathrm{kg}]}{1 \times 10^{-6}[\mathrm{m}^3]} = 1 \times 10^3 [\mathrm{kgm}^{-3}] \tag{7.15b}$$

圧力を詳しく議論するときには重さ密度が重要になるので,これを示しておきます. 重さ密度 ρ_g は物体の重さをその体積で割ったものになります. したがって,重さ密度 ρ_g は,物体の質量を M とし,その体積を V とすると,次の式で与えられます.

$$\rho_g = \frac{Mg}{V} = \rho g \tag{7.16}$$

ではこの関係を使うと流体の圧力はどのようになるでしょうか? まず,気体の圧力ですが,気体の圧力を P_{gas} とすると,これは気体の重さ密度 ρ_{gas} に気体の層の厚さ (深さ,または高さ) h を掛けたものになるので,気体の圧力 P_{gas} は次の式で与えられます.

$$P_{\mathrm{gas}} = \rho_{\mathrm{gas}} h \tag{7.17}$$

液体の圧力を P_{liq} とすると同様に,液体の重さ密度を ρ_{liq} として,P_{liq} は次の式で与えられます.

$$P_{\mathrm{liq}} = \rho_{\mathrm{liq}} h \tag{7.18}$$

たとえば,大気の 1 気圧ですが,大気は気体ですから本来は式 (7.17) を使うべきです. しかし大気の層は上に上昇するほど密度が薄くなり大気の濃度は一様ではないので,計算が複雑です. 一般には大気圧によって持ち上げられる水銀柱の高さが $760[\mathrm{mm}]$ になる圧力が利用され,これを 1 気圧としています. すると,式 (7.17) が使えるので,これを使うと水銀の密度 ρ は $\rho = 13.6[\mathrm{g/cm}^3] = 13.6 \times 10^3 [\mathrm{kg/m}^3]$ なので,1 気圧は次のように計算で

きます.

まず，水銀の重力密度は，$\rho_g = 13.6 \times 10^3 [\mathrm{kg/m^3}] \times 9.8 [\mathrm{ms^{-2}}] = 1.3328 \times 10^5 [\mathrm{kgm^{-2}s^{-2}}]$ となるので，1気圧の値を P_0 とすると，P_0 は次の式で表されます.

$$P_0 = \rho_g h = 1.3328 \times 10^5 [\mathrm{kgm^{-2}s^{-2}}] \times 0.76 [\mathrm{m}] = 1.013 \times 10^5 [\mathrm{kgm^{-1}s^{-2}}]$$
$$= 1.013 \times 10^5 [\mathrm{Pa}] \tag{7.19}$$

また，10[m] の深さの水の水圧はこれを P とし，水の密度を $\rho_水$ とすると，式 (7.18) を使って，水圧 P は $P = \rho_水 g h = 1 \times 10^3 [\mathrm{kg/m^3}] \times 9.8 [\mathrm{ms^{-2}}] \times 10 [\mathrm{m}] = 9.8 \times 10^4 [\mathrm{kgm^{-1}s^{-2}}] = 9.8 \times 10^4 [\mathrm{Pa}]$ となります．この水圧の値は大気圧の1気圧とほぼ同じです．このために井戸の深さが 10[m] 以下であれば，井戸ポンプで水をくみ上げることができることになります．なぜなら，ポンプの下の水管の空気を抜いて (除いて) やれば，水を地下 10[m] に閉じ込めている大気の圧力がなくなるからです.

なお，深さ h の水の底の水圧 $P_{水圧}$ には，水の表面に上記の大気圧の値 P_0 が加わるので，$P_{水圧}$ は次の式で与えられます.

$$P_{水圧} = P_0 + \rho_水 g h \tag{7.20}$$

この式 (7.20) で与えられる水圧の $P_{水圧}$ は静水圧と呼ばれています.

7.3.2 パスカルの原理

密閉された流体においては流体内の圧力は，ある場所で圧力が増加すると，その他の部分の圧力も同じだけ圧力が増加します．この現象は発見者に因んでパスカルの原理と呼ばれています．パスカルの原理は現代においても多くの油圧機や水圧機において実用的に利用されています．代表的なものには自動車のブレーキやジャッキおよびフォークリフトなどの建設機械があります.

油圧機などに使われているパスカルの原理を図 7.8 に示す図を使って説明すると，次のとおりです．すなわち，この図では油などの溶液が充たされた細長い管状の容器の左右の出口にピストン①とピストン②が備えてあるとします．そしてピストン①の断面積を s とし，ピストン②の断面積は S で表すことにし

図 7.8 パスカルの原理

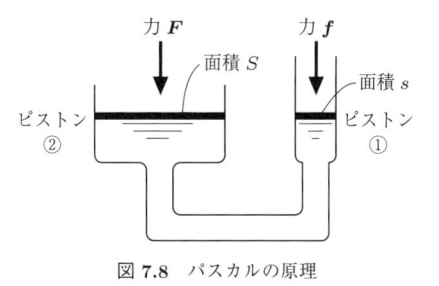

ます.

いま，ピストン①に f の力を加えたとすると，容器のピストン①の部分における液体の圧力の増加は f/s になります．ピストン①の箇所で増加した圧力はパスカルの原理により液体のすべての部分に伝わるので，ピストン②の場所でも同じだけの圧力が増加します．そうすると，ピストン②では，液面の面積が S なので，次の式で表される力 F が発生します．

$$\frac{F}{S} = \frac{f}{s} \quad \rightarrow \quad F = \frac{f}{s} \times S = \frac{S}{s} \times f \tag{7.21}$$

なぜかというと，圧力によって生じる力の大きさは液体に接する面積の大きさに比例して増加するからです．

したがって，S と s の面積比が 10 であればピストン②で得られる力 F はピストン①に加えた力 f の 10 倍になりますし，面積比が 100 なら f の 100 倍の力がピストン②で得られます．ですから，ピストン②にある 200[kg] の重さ (200[kg] × 9.8[ms^{-2}] の力) の荷物は S と s の面積比が 200 であれば 1[kg] の力 (1[kg] × 9.8[ms^{-2}] = 9.8[N]) で持ち上げることができます．だから，油圧機や水圧機で得られる大きな力の源泉はパスカルの原理にあると言えます．

7.3.3 アルキメデスの原理

物体を液体の中に入れると，図 7.9(a) に示すように，物体には周囲の液体から物体を排除しようとする力が働きます．液体の圧力 (液圧) は深いほど大きくなるので，図 7.9(a) においては下から上方へ押し上げる力が最大になります．したがって，液体から物体に加わる力の合力は上向きの力になりますが，この力は浮力と呼ばれます．

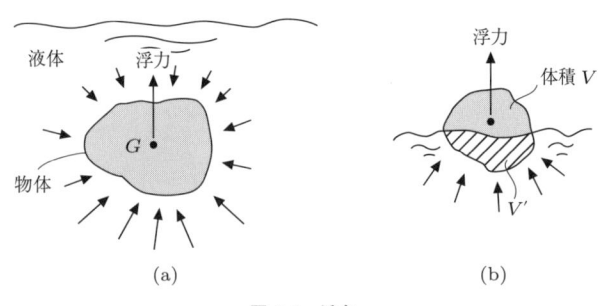

図 7.9 浮力

浮力 $F_{浮力}$ の大きさは液体に入れた物体が排除した液体の部分の重力になります．この現象はアルキメデスの原理と呼ばれます．したがって，物体全体が液体内に沈んでいる図 7.9(a) では排除された液体の体積 (物体の体積) を V とし，液体の密度を $\rho_{液体}$ とすると，浮力 $F_{浮力}$ は次の式で与えられます．

$$F_{浮力} = V\rho_{液体}g \tag{7.22}$$

ここで注意すべきことがあります．もしも，物体が液体に浮いていれば液体の中に沈んでいる部分の体積 V' は物体の体積 V よりも小さくなります．このとき物体は式 (7.22) で与えられる浮力よりも小さい浮力 ($V'\rho_{液体}g$) で液体の上に浮かびます．この状態で液体に浮いた物体の様子は図 7.9(b) に示すようになります．

7.3.4 ベルヌーイの定理

流体は動き始めると，すなわち流体が流れ始めると静止していたときにはなかった新しい力が働き始めます．そこでここでは，流れている状態の流体に起こる力学の現象について簡単に説明しておきます．

私たちの身の回りにある流体といえば，まずは水と空気ですが，水にしても空気にしても狭い場所を通るときには，誰もが知っているように流れが速くなります．実は流れが速くなると，そこを流れる空気や水の圧力が下がるのです．この現象が起こるときに時々不都合なことを私たちは経験します．

▶強風で傘がそっくりかえるのはベルヌーイの定理による！

たとえば，台風が吹くとその風の強さによっては屋根が吹き飛ばされたり，

7.3 流体の力学の基礎　　　　　　　　　　　　　　　　　　　　149

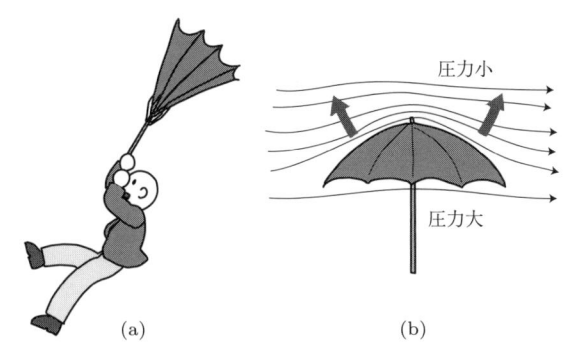

　　　　　　　　(a)　　　　　　　　　(b)
　　　　　　　図 **7.10**　強風に傘をとられる理由

さしている雨傘が獲られたりします．傘の場合には台風でなくても少し強い風が吹くだけでも，風にあおられて，図 7.10(a) に示すように，傘がそっくりかえることがあります．私たちは，これは傘のカバー (雨をよける布でできたもの) の下に風が吹き込んで，この風がカバーを押し上げたために起こると普通は考えています．

　傘の下から強風が吹きあげて傘のカバーがそっくりかえることもあるかも知れませんが，大抵の場合の原因は他にあるようです．すなわち，風が作る早い流れの空気 (風) が傘のカバーの上を通るために，図 7.10(b) に示すように，傘のカバーの上側の圧力が下側の圧力より下がり傘が上にあがろうとするのです．このとき私たちは風に傘を獲られまいとして，傘の柄をしっかりと握りしめて下方向に引っ張るので，傘のカバーは上下の圧力差を解消するためにそっくりかえるのです．

　実は，強風によって傘のカバーがそっくりかえる現象はベルヌーイの定理によって説明できます．ベルヌーイの定理は移動する (流れている) 流体のエネルギー保存の法則から導かれています．流れている流体のエネルギーには3種類のエネルギーがありますが，これらの3種類のエネルギーの和は常に一定に保存されなければならないのです．

　流体の3種類のエネルギーとは次の三つです．
　① 基準面からの高さの差 h による位置のエネルギー：mgh
　② 流れの速度 v によって生じる運動のエネルギー：$(1/2)mv^2$

③ 流れによって変化する流体の圧力 p および密度 ρ に基づく圧力のエネルギー：mp/ρ

ここで m は液体の単位体積あたりの質量です．

流体のエネルギーの保存についてこれを厳密に表現すると，時間的に変化しない流れは定常流と呼ばれますが「定常流の場合には流体が持つ単位質量あたりの，上記の三つのエネルギーの和は常に一定でなくてはならない」となるのですが，これがベルヌーイの定理と呼ばれるものです．

したがって，定常流の流れでは次の式が常に成り立たなければなりません．

$$mgh + \frac{1}{2}mv^2 + \frac{mp}{\rho} = C \,(\text{一定の定数}) \tag{7.23a}$$

定義どおりの式はこの式 (7.23a) の両辺を質量 m で割って次のようになります．

$$gh + \frac{1}{2}v^2 + \frac{p}{\rho} = C_0 \tag{7.23b}$$

なお，式 (7.23a) で左辺の第 3 項が圧力のエネルギーです．この項が mp/ρ になるのは，m/ρ が液体の単位体積 V になるので，圧力 p が単位時間に体積 V の流れを押しのけるとするとすれば，圧力 p のエネルギーは圧力 p と体積 V の積の pV になるからです．

また，流体が流れている箇所の断面積が S_1 から $s_2\,(S_1 > s_2)$ と小さくなると，流れ速度 v_1 は v_1 から $v_2\,(v_1 < v_2)$ に変化し，流れ速度 v は大きくなりますが，これは単位時間に単位体積あたりに流れる流量が一定にならなければならないので，$S_1v_1 = s_2v_2$ の関係が成り立つためです．

いま，基準面からの高さの差 h が存在しないとすると，式 (7.23a) により運動エネルギー $(1/2)mv^2$ と圧力のエネルギー mp/ρ の和は一定なので，ある箇所で流体の流れ速度 v が大きくなれば，流体のその場所での圧力 p は小さくなり，速度 v が小さくなればその場所での圧力 p が大きくなることがわかります．

したがって，強風が吹くときには傘の上下において，図 7.10(b) で説明したような現象が起こることが理解できると思います．むかし，大きな台風がきたときに勤め仲間の一人の自宅の屋根が吹き飛ばされたことがあります．そのとき，仲間のグループのみんなでその屋根が落ちている場所から仲間の自宅の場所まで，吹き飛ばされた屋根を綱引きの要領で引っ張って取り戻しにいったこ

7.3 流体の力学の基礎

とがあります．

このときに仲間の家の屋根が台風で吹き飛ばされた原因もベルヌーイの定理で説明できるものです．台風ではこういう事故も起こりうるので，密閉度の高い家は台風のときには要注意のようです．強風が吹くときは家の中の密閉度をあまり高くしない方がよいと言われています．強風が吹くときには部屋の密閉度が高いと屋根の上側の外気の圧力 (低くなった圧力) と屋内の圧力差が大きくなってしまうからです．

例題7.3 いま，図 E7.3 に示すような途中で太さが変化していて曲がった形状の水管があります．この水管には断面全体を水が流れているとして下さい．図の中に①で示す断面と②で示す断面における断面の半径をそれぞれ 12[cm] と 15[cm] とし，水の流れの速度 v_1 と v_2 は，それぞれ 2.0[m/s] と 1.28[m/s]，位置の高さの差 $h (= h_1 - h_2)$ は 1[m] であったとして下さい．このとき断面①と断面②の圧力差 $p_2 - p_1$ はいくらになるでしょうか？ なお，水の密度は $1 \times 10^3 [\mathrm{kgm^{-3}}]$ です．

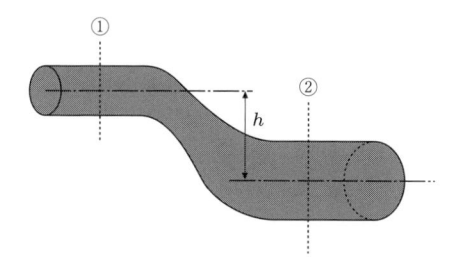

図 E7.3 ベルヌーイの定理の適用

[解答] 断面①における流れの高さを h_1，流れの速度を v_1，圧力を p_1 とし，断面②における高さを h_2，流れの速度を v_2，圧力を p_2 とすると，式 (7.23a) より次の式が成り立つことがわかります．

$$mgh_1 + \frac{1}{2}mv_1^2 + \frac{mp_1}{\rho} = mgh_2 + \frac{1}{2}mv_2^2 + \frac{mp_2}{\rho} \quad \text{(E7.7a)}$$

この式 (E7.7a) の両辺に ρ/m を掛けると，式 (E7.7a) は次のようになります．

$$\rho gh_1 + \frac{1}{2}\rho v_1^2 + p_1 = \rho gh_2 + \frac{1}{2}\rho v_2^2 + p_2 \quad \text{(E7.7b)}$$

こうして得られた式 (E7.7b) を使って圧力差 $p_2 - p_1$ は，次の式で表されることがわかります．

$$p_2 - p_1 = \rho g (h_1 - h_2) + \frac{1}{2}\rho \left(v_1^2 - v_2^2\right) \qquad (E7.7c)$$

ここで，題意により $h_1 - h_2$ と $= 1[\text{m}]$ とおくと，圧力 $p_2 - p_1$ 差は $\rho g \times 1[\text{m}] + (1/2)\rho(v_1^2 - v_2^2)$ となるので，題意の v_1 と v_2 の値を代入して圧力 $p_2 - p_1$ 差を求めると，$(p_2 - p_1) = 1 \times 10^3 [\text{kgm}^{-3}] \times 9.8 [\text{ms}^{-2}] \times 1.0[\text{m}] + 0.5 \times 1 \times 10^3 [\text{kgm}^{-3}] \times \{(2.0[\text{ms}^{-1}])^2 - (1.28[\text{ms}^{-1}])^2\} = 9.8 \times 10^3 [\text{kgm}^{-1}\text{s}^{-2}] + 5 \times 10^2 [\text{kgm}^{-3}] \times (4 - 1.638)[\text{m}^2\text{s}^{-2}] = (9.8 + 1.181) \times 10^3 [\text{kgm}^{-1}\text{s}^{-2}] = 10.98 \times 10^3 [\text{Pa}] = 11.0 \times 10^3 [\text{Pa}]$ となります． ∎

演 習 問 題

7.1 半径 a の一様な薄い円板がある．この円板から，図 M7.1 に示すように，右半分から半径 $a/2$ の円板を切り取ったあとの三日月形の円板の重心の位置を求めよ．

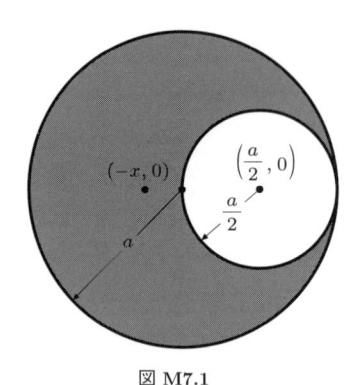

図 M7.1

7.2 長さ l が 2[m]，質量 M が 30[kg] の一様な棒が (摩擦力のない) なめらかな壁と (摩擦力の働く) 粗い床の間に図 M7.2 に示すように立てかけてある．床となす角 θ が 60 度であったとして，この棒が壁から受ける抗力 N' と床から受ける垂直抗力 N を求めよ．

7.3 半径が l，質量 M の円盤の，中心軸のまわりの慣性モーメントを求める式を示せ．

図 M7.2

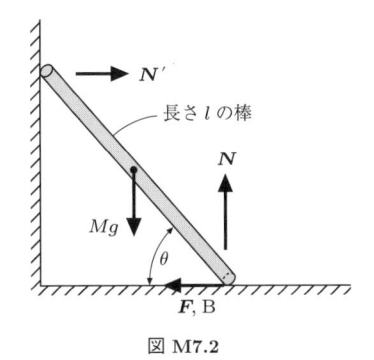

7.4 本文の図 7.8 に示したピストン①に 490[N] の力を加えたときピストン②に載せる荷物はいくらの重さのものまで持ち上げることができるか？ ただし，ここではピストン①とピストン②の断面積を，それぞれ 5[cm^2] と 1[m^2] とせよ．

7.5 北海道沖を航行していた船が前方の海上に氷山を発見した．氷山は海面下に沈んでいる部分が大きいので付近を航行する船は要注意と言われている．氷と海水の密度を，それぞれ 0.92×10^3[kgm^{-3}]，1.05×10^3[kgm^{-3}] として，海面下に沈んでいる氷山の割合を％で示せ．

7.6 野球の投手がボールを回転させながら投げるとボールはシュートして曲がるという．なぜか？ わかりやすく説明せよ．

付録：ベクトル演算

ベクトルは初心者には難しくてわかりにくいと敬遠される場合が多いようです．しかし，力学は本来 3 次元の物理現象を扱うものです．ベクトルはこの 3 次元の物理現象を記述する便利な道具であることを考えると，力学などの物理の記述にベクトルを敬遠してベクトルの使用を避けるのは賢明ではないことがわかります．それに，ベクトルもその性質を知って，これの使い方がわかるようになれば，誰もがベクトルが便利な道具であることに気づきます．そこで，この付録ではベクトルの内容と用法をできるだけやさしく説明して，多くの初心者の方もベクトルが使いやすくなるようにしたいと思います．

a　ベクトルの四則演算

a.1　ベクトルの演算の特徴
普通の数の演算と異なるのは積の演算だけ

　　ベクトルの演算においても掛け算 (積) 以外の足し算 (和) や引き算 (差) は，普通の数の演算と同じように行えます．ベクトルの掛け算 (積) の場合には，ベクトルが大きさの成分のほかに方向成分を持っているために，方向成分を持っていない普通の数と同じというわけにはいかないのです．

　　ベクトルの掛け算 (積) には 2 種類あります．それらはスカラー積とベクトル積です．スカラー積の方は，実効的にベクトルの大きさ成分同士を掛ける掛け算です．ベクトル積の方は方向成分も含めてベクトル同士を掛け合わせる演算方法です．

　　ベクトルは大きさと方向を持っていて普通の数とは異なっているので，最初に，ここで主に使うベクトルを A と B として，これらを図 A.1 に示しておくことにしましょう．図 A.1 において，ベクトル A は大きさが点 O から点 A までの OA で，ベクトル B は点 O から点 B までの OB とすることにします．そして，ベクトル A とベクトル B のなす角度は θ とします．

a.2　ベクトルの和と差
　　二つのベクトルを A, B とし，これらの和のベクトルを C とすると，ベクトル A,

a　ベクトルの四則演算

図 A.1　ベクトル A と B

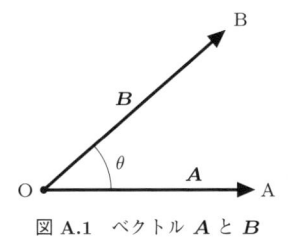

B と C の間には，普通の数の演算と同じように，次の関係が成り立ちます．

$$A + B = C \tag{A.1a}$$

また，ベクトル A と B の差のベクトルを D とすると，次の関係が成り立ちます．

$$A - B = D \tag{A.1b}$$

また，ベクトルの和においては加える順序を変えても結果は同じになり，次の関係が成り立ちます．

$$A + B = B + A \tag{A.2}$$

ベクトルの和の作図方法の説明は 2 章の 2.3.3 項ですでに行ったので，ここでは省略することにします．

a.3　スカラー倍とスカラー積

ベクトルの掛け算において，大きさの成分 (スカラー成分) のみを掛け合わせる演算には 2 種類あります．それらはスカラー倍とスカラー積と呼ばれます．ベクトルのスカラー倍というのはベクトルに普通の数の定数 (スカラー) を掛ける掛け算です．ですから，定数 (スカラー) を k，ベクトルを A とすると，A のスカラー倍 (k 倍) は，次の式で表されます．

$$A \text{のスカラー}(k)\text{倍} = kA \tag{A.3}$$

スカラー倍になった kA はベクトル A の大きさ成分 $|A|$ だけが k 倍になっています．

スカラー積はベクトル同士の掛け算ですが，これは実効的にベクトルの大きさ成分のみを掛け合わせる掛け算です．なぜ実効的というかというと，ベクトルのスカラー積は次の式

$$A \cdot B = AB \cos\theta \tag{A.4}$$

で表されますが，この式 (A.4) が示すように，スカラー積はベクトル A, B のベクトルの大きさの $|A| = A$ と $|B| = B$ を掛け合わせるものではないからです．

図 A.2 に示すように，ベクトル A, B のスカラー積はベクトル A の大きさ成分 $|A| = A$ に，ベクトル A 上に投影したベクトル B の成分 $B \cos\theta$ を掛けたものだからです．ですから，ベクトル A と B のスカラー積はベクトル A の大きさ成分 A

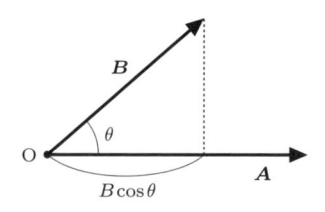

図 A.2　A と B のスカラー積

に，ベクトル A の方向と一致するベクトル B の大きさ成分 $B\cos\theta$ を掛けたものになっています．つまり，掛け算する二つのベクトル A, B の方向成分をそろえて，その大きさ成分同士だけを掛け合わせているのです．

なお，スカラー積はベクトルの内積とも呼ばれますので，書物によってはベクトルの内積とだけ書かれている場合もあります．このときには，ベクトルの内積をベクトルのスカラー積と理解する必要があります．

a.4　ベクトル積

方向成分も含めた二つのベクトル A とベクトル B の積はベクトル積と呼ばれます．この種のベクトルの掛け算はベクトルの外積とも呼ばれるので，呼び名としては両方を覚えておく必要があります．いま，図 A.3 に示すように，二つのベクトル A と B の積から新しいベクトル C が生まれたとすると，ベクトル C の大きさは $AB\sin\theta$ に等しくなります．そして，ベクトル C の方向は，掛け合わせる二つのベクトル A と B の両方に対して垂直になります．

ですから，図 A.3 に示すように，ベクトル A と B が x-y 平面内にあるとすると，二つのベクトル A と B の積のベクトル C の方向は z 軸方向になります．そして，ベクトル C は z 軸の正方向の上向きになるのですが，これは (下から z 軸のプラス

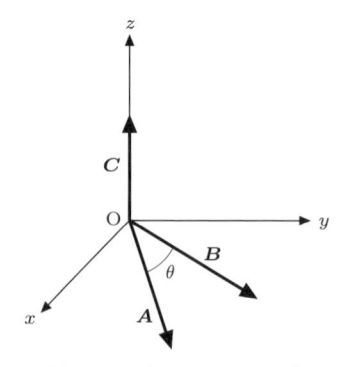

図 A.3　A と B のベクトル積

方向を見て) A から B の方向へ右ねじをまわしたときに，ねじの進む方向が上方向だからと考えればいいのです．

ベクトル A と B のベクトル積は，式で書くと次の式で表されます．

$$A \times B = C \tag{A.5}$$

また，ベクトル A と B のベクトル積の大きさは，絶対値の記号を使って，次のように表されます．

$$|A \times B| = |C| = AB\sin\theta \tag{A.6}$$

ここで，注意すべきことがあります．というのは，ベクトルの積では掛け算の順序を変えると，結果として得られるベクトル C の向きが逆になることです．なぜかというと，たとえば，ベクトル A と B の掛ける順序を逆にして $B \times A$ とすると，B から A の方向にねじを回すことになるので，ねじの進む方向も $A \times B$ の場合の逆の，z 軸のマイナス方向になるからです．ですから，ベクトル積 $A \times B$ と $B \times A$ の間には次の関係が成立します．

$$B \times A = -A \times B \tag{A.7}$$

b 単位ベクトルとその性質および活用

b.1 単位ベクトルとその性質

ベクトルは本来 3 次元空間の数学や物理の現象を記述するものですが，3 次元ベクトルの表示に便利に使える数学の道具に単位ベクトルがあります．単位ベクトルは記号 i, j, k で表され，図 A.4 に示すようになります．単位ベクトル i, j, k は，方向がそれぞれ x, y, z 軸上のプラス方向で，大きさが 1 のベクトルです．

そして，単位ベクトルの i, j および k は，お互いのスカラー積の間に，次のよう

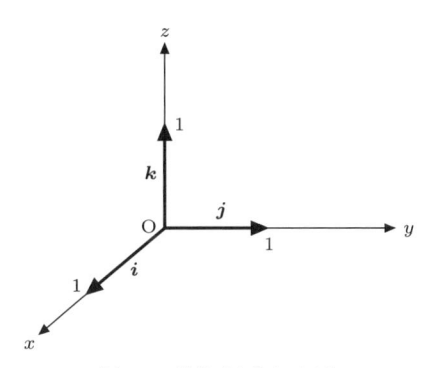

図 A.4　単位ベクトル i, j, k

な関係が成り立ちます。

$$\left.\begin{array}{lll} \bm{i}\cdot\bm{i}=1, & \bm{j}\cdot\bm{j}=1, & \bm{k}\cdot\bm{k}=1 \\ \bm{i}\cdot\bm{j}=0, & \bm{j}\cdot\bm{k}=0, & \bm{k}\cdot\bm{i}=0 \\ \bm{j}\cdot\bm{i}=0, & \bm{k}\cdot\bm{j}=0, & \bm{i}\cdot\bm{k}=0 \end{array}\right\} \quad (A.8)$$

式 (A.8) の関係は，ベクトルのスカラー積の式 (A.4) を使って導くことができます。たとえば，$\bm{i}\cdot\bm{i}=1$ の関係は，式 (A.4) を使うと，$\bm{i}\cdot\bm{i}=ii\cos\theta$ となりますが，単位ベクトル $\bm{i}$ と $\bm{i}$ は大きさの値が 1 で，方向は同じ向きなので θ の値は 0 になります。だから $\bm{i}\times\bm{i}=1$ で $\cos\theta=1$ となり，$\bm{i}\cdot\bm{i}=1$ の関係が導かれます。異なる単位ベクトルの間のスカラー積の $\bm{i}\cdot\bm{j}=0$ などの関係も $\bm{i}$ と $\bm{j}$ のなす角 θ が直角だから $\cos\theta=0$ となるので容易に納得できると思います。

また，単位ベクトルの $\bm{i},\bm{j}$ および $\bm{k}$ の間のベクトル積の関係は，次のようになります。

$$\left.\begin{array}{lll} \bm{i}\times\bm{i}=0, & \bm{j}\times\bm{j}=0, & \bm{k}\times\bm{k}=0 \\ \bm{i}\times\bm{j}=\bm{k}, & \bm{j}\times\bm{k}=\bm{i}, & \bm{k}\times\bm{i}=\bm{j} \\ \bm{j}\times\bm{i}=-\bm{k}, & \bm{k}\times\bm{j}=-\bm{i}, & \bm{i}\times\bm{k}=-\bm{j} \end{array}\right\} \quad (A.9)$$

この式 (A.9) の関係は式 (A.6) と式 (A.5) および式 (A.7) を使うと導くことができます。ベクトル積では式 (A.6) に示すように角度の項は $\sin\theta$ になるので，$\sin\theta$ の値は θ が 0 なら 0，直角なら 1 となるので，$\bm{i}\times\bm{i}$ などの同じ単位ベクトルの間の角 θ は 0 だから，$\bm{i}$ と $\bm{i}$ のベクトル積は $\bm{i}\times\bm{i}=0$ となります。また，異なる単位ベクトル間のベクトル積の $\bm{i}\times\bm{j}$ は $\bm{i}$ と $\bm{j}$ に直角な単位ベクトルの $\bm{k}$ になるので，$\bm{i}\times\bm{j}=\bm{k}$ となります。また，$\bm{j}\times\bm{i}=-\bm{k}$ となるのは，単位ベクトル $\bm{i}$ と $\bm{j}$ の掛け算の順序が逆になっているので，右ねじの進む方向がマイナス z 軸方向になるからです。

b.2 単位ベクトルの活用

いま，$\bm{A}$ と $\bm{B}$ が 3 次元ベクトルであると仮定すると，ベクトル $\bm{A}$ と $\bm{B}$ はそれぞれの x, y, z 成分の A_x, A_y, A_z と B_x, B_y, B_z を使って，次の式で表すことができます。

$$\bm{A} = A_x\bm{i} + A_y\bm{j} + A_z\bm{k} \quad (A.10a)$$

$$\bm{B} = B_x\bm{i} + B_y\bm{j} + B_z\bm{k} \quad (A.10b)$$

すると，ベクトル $\bm{A}$ と $\bm{B}$ のベクトル積 $\bm{A}\times\bm{B}$ は，次のようになります。

$$\begin{aligned} \bm{A}\times\bm{B} &= (A_x\bm{i} + A_y\bm{j} + A_z\bm{k}) \times (B_x\bm{i} + B_y\bm{j} + B_z\bm{k}) \\ &= A_xB_x\bm{i}\times\bm{i} + A_yB_y\bm{j}\times\bm{j} + A_zB_z\bm{k}\times\bm{k} \\ &\quad + (A_xB_y - A_yB_x)\bm{k} + (A_yB_z - A_zB_y)\bm{i} + (A_zB_x - A_xB_z)\bm{j} \\ &= (A_xB_y - A_yB_x)\bm{k} + (A_yB_z - A_zB_y)\bm{i} + (A_zB_x - A_xB_z)\bm{j} \quad (A.11) \end{aligned}$$

この演算で式 (A.9) の関係を使いました.

また, ベクトル $\boldsymbol{A}$ と $\boldsymbol{B}$ のスカラー積 $\boldsymbol{A}\cdot\boldsymbol{B}$ は, 次のようになります.

$$\boldsymbol{A}\cdot\boldsymbol{B} = (A_x\boldsymbol{i}+A_y\boldsymbol{j}+A_z\boldsymbol{k})\cdot(B_x\boldsymbol{i}+B_y\boldsymbol{j}+B_z\boldsymbol{k})$$
$$= A_xB_x + A_yB_y + A_zB_z \tag{A.12}$$

この式 (A.12) では, 式 (A.8) に示した単位ベクトルの間のスカラー積の関係式から, 同じ単位ベクトルのスカラー積はすべて 1 になり, 異なる単位ベクトルの間のスカラー積は 0 になります. 計算は簡単ですので, 途中の演算は省略し, 結果のみ記しました.

なお, ベクトル $\boldsymbol{A}$ と $\boldsymbol{B}$ のベクトル積 $\boldsymbol{A}\times\boldsymbol{B}$ は, 次のように行列式を使うとスマートに表せます.

$$\boldsymbol{A}\times\boldsymbol{B} = \begin{vmatrix} \boldsymbol{i} & \boldsymbol{j} & \boldsymbol{k} \\ A_x & A_y & A_z \\ B_x & B_y & B_z \end{vmatrix} \tag{A.13}$$

式 (A.13) を行列式の演算の規則に沿って計算すると, 当然ですが式 (A.11) に示した結果と同じになります.

c　grad, div, rot の意味と用法

c.1　ベクトルの微分演算子とナブラ ∇ 記号およびラプラシアン △ 記号

ベクトル演算では grad, div, rot などの記号が使われます. これらはいずれもベクトルの微分演算子と呼ばれるものですが, ベクトルの微分演算子にはこの他にナブラ ∇ とラプラシアン △ という記号があります.

grad, div, rot についてはこのあと項目別に説明するので, ここでは, これらの説明にも使う関係で, まずナブラ ∇ とラプラシアン △ について説明しておきます. 説明に使う座標系は本文と合わせて, すべて直交座標とすることにします.

ナブラ ∇ は次の式で示すように, 3 次元の微分演算子の記号です.

$$\nabla = \frac{\partial}{\partial x}\boldsymbol{i} + \frac{\partial}{\partial y}\boldsymbol{j} + \frac{\partial}{\partial z}\boldsymbol{k} \tag{A.14}$$

ここで, $\partial/\partial x$, $\partial/\partial y$, $\partial/\partial z$ は偏微分記号です. 記号の意味はそれぞれ微分記号の d/dx, d/dy, d/dz とほとんど変わらないので, 微分記号と同じと考えて読み進んでも特に問題は生じません.

式 (A.14) は両辺に右からスカラー関数 (スカラー量だけの関数) ϕ を掛けると, 次の式ができます.

$$\nabla\phi = \frac{\partial\phi}{\partial x}\boldsymbol{i} + \frac{\partial\phi}{\partial y}\boldsymbol{j} + \frac{\partial\phi}{\partial z}\boldsymbol{k} \tag{A.15}$$

また, ナブラ ∇ の二乗の ∇^2 はナブラ二乗と呼ばれ, 次の式で表されます.

$$\nabla^2 = \frac{\partial^2}{\partial x^2} + \frac{\partial^2}{\partial y^2} + \frac{\partial^2}{\partial z^2} \tag{A.16a}$$

この式 (A.16a) は式 (A.14) で表される二つのナブラ ∇ をスカラー的に掛けたスカラー積 $\nabla \cdot \nabla$ で表されるので，次のようになります．

$$\nabla^2 = \nabla \cdot \nabla \tag{A.16b}$$

実は，ナブラ二乗の ∇^2 はラプラシアン Δ に等しくなります．ですからラプラシアン Δ は次の式で表されます．

$$\Delta = \nabla^2 = \frac{\partial^2}{\partial x^2} + \frac{\partial^2}{\partial y^2} + \frac{\partial^2}{\partial z^2} \tag{A.17}$$

c.2　grad

grad は英語の gradient (グレーディエント) の省略型なので，これは勾配を意味しています．数学的には関数の微分で表されるので，f を x の関数とすると，1 次元の勾配の場合には，次の式で表されます．

$$\operatorname{grad} f = \frac{\partial f}{\partial x} \tag{A.18a}$$

3 次元の勾配の場合には ϕ を 3 次元の x, y, z の関数として，$\operatorname{grad} \phi$ は次の式で表されます．

$$\operatorname{grad} \phi = \frac{\partial \phi}{\partial x} \boldsymbol{i} + \frac{\partial \phi}{\partial y} \boldsymbol{j} + \frac{\partial \phi}{\partial z} \boldsymbol{k} \tag{A.18b}$$

この式 (A.18b) は (A.15) と同じになっています．したがって，grad は ∇ と同じであり，$\operatorname{grad} \phi$ はナブラ ∇ にスカラー関数 ϕ を掛けたものになるので，次の式が成立します．

$$\operatorname{grad} = \nabla = \frac{\partial}{\partial x} \boldsymbol{i} + \frac{\partial}{\partial y} \boldsymbol{j} + \frac{\partial}{\partial z} \boldsymbol{k} \tag{A.19a}$$

$$\operatorname{grad} \phi = \nabla \phi = \frac{\partial \phi}{\partial x} \boldsymbol{i} + \frac{\partial \phi}{\partial y} \boldsymbol{j} + \frac{\partial \phi}{\partial z} \boldsymbol{k} \tag{A.19b}$$

c.3　div

div は英語の divergence (ダイバージェンス) の省略型で意味は発散とか湧き出しですが，物理では「湧き出し」が重要です．div はナブラ ∇ とベクトルのスカラー積になるので，いまベクトルを $\boldsymbol{A}$ とすると，$\operatorname{div} \boldsymbol{A}$ は次のように導かれます．

$$\begin{aligned}\operatorname{div} \boldsymbol{A} = \nabla \cdot \boldsymbol{A} &= \left(\frac{\partial}{\partial x} \boldsymbol{i} + \frac{\partial}{\partial y} \boldsymbol{j} + \frac{\partial}{\partial z} \boldsymbol{k} \right) \cdot (A_x \boldsymbol{i} + A_y \boldsymbol{j} + A_z \boldsymbol{k}) \\ &= \frac{\partial A_x}{\partial x} + \frac{\partial A_y}{\partial y} + \frac{\partial A_z}{\partial z} \end{aligned} \tag{A.20}$$

div がなぜ「湧き出し」になるかというと，いま，速度 $\boldsymbol{v}$ で流れている水流があり，この水流が狭い通路を通っているとしましょう．そして，狭い通路の入口と出口の単

位時間あたり，(水流の) 単位断面積あたりの流れ率を考えたとき，通路の入口の流れ率よりも出口の流れ率が大きくなっていたとすると，水が通路のどこかで湧き出していることになります．

実は，通路の出口の流れ率から入口の流れ率を差し引いた流れ率は「湧き出し率」になりますが，これは次のように $\mathrm{div}\,\boldsymbol{v}$ で表されるのです．

$$\text{出口の流れ率} - \text{入口の流れ率} = \text{湧き出し率} = \mathrm{div}\,\boldsymbol{v} \tag{A.21}$$

以上のようにして，湧き出し率は $\mathrm{div}\,\boldsymbol{v}$ で表されることがわかりますが，水の流れには限らず，流れの性質をもったすべてのベクトルで表される物理量 (これを $\boldsymbol{V}$ とする) の湧き出しが $\mathrm{div}\,\boldsymbol{V}$ で表されるのです．

c.4　rot

rot は英語の rotation (ローテーション) の省略型で意味は回転ですが，物理的には回転とか循環の意味があります．そして，物理学では渦 (うず) 度の意味が重要です．実は，rot には同じ意味で curl も使われます．捲き毛の髪を「髪がカールしている！」などと言われるように，curl は「渦巻く」とか「ねじ曲げる」というような意味があります．流れの渦も渦巻く流れですから，rot に渦という意味があるのは納得ですね．

rot は数学的にはナブラ ∇ とベクトルのベクトル積になるので，いまベクトルを $\boldsymbol{A}$ とすると，$\mathrm{rot}\,\boldsymbol{A}$ は次のようにして導くことができます．

$$\mathrm{rot}\,\boldsymbol{A} = \nabla \times \boldsymbol{A} = \left(\frac{\partial}{\partial x}\boldsymbol{i} + \frac{\partial}{\partial y}\boldsymbol{j} + \frac{\partial}{\partial z}\boldsymbol{k}\right) \times (A_x\boldsymbol{i} + A_y\boldsymbol{j} + A_z\boldsymbol{k})$$
$$= \left(\frac{\partial A_z}{\partial y} - \frac{A_y}{\partial z}\right)\boldsymbol{i} + \left(\frac{\partial A_x}{\partial z} - \frac{A_z}{\partial x}\right)\boldsymbol{j} + \left(\frac{\partial A_y}{\partial x} - \frac{\partial A_x}{y}\right)\boldsymbol{k} \tag{A.22}$$

rot と curl は同じと考えていいので，$\mathrm{rot}\,\boldsymbol{A}$ は $\mathrm{curl}\,\boldsymbol{A}$ とも書かれます．

また，流れなどの速度を $\boldsymbol{v}$ とすると，$\mathrm{rot}\,\boldsymbol{v}$ はナブラ ∇ とベクトル $\boldsymbol{v}$ のベクトル積になることから，式 (A.13) と同じように，行列式を使って次のように表すこともできます．

$$\mathrm{rot}\,\boldsymbol{v} = \begin{vmatrix} \boldsymbol{i} & \boldsymbol{j} & \boldsymbol{k} \\ \dfrac{\partial}{\partial x} & \dfrac{\partial}{\partial y} & \dfrac{\partial}{\partial z} \\ v_x & v_y & v_z \end{vmatrix} \tag{A.23}$$

式 (A.23) を行列式の演算規則に沿って計算すると，式 (A.22) と同じように，$\mathrm{rot}\,\boldsymbol{v}$ は次の式

$$\mathrm{rot}\,\boldsymbol{v} = \left(\frac{\partial v_z}{\partial y} - \frac{\partial v_y}{\partial z}\right)\boldsymbol{i} + \left(\frac{\partial v_x}{\partial z} - \frac{\partial v_z}{\partial x}\right)\boldsymbol{j} + \left(\frac{\partial v_y}{\partial x} - \frac{\partial v_x}{\partial y}\right)\boldsymbol{k} \tag{A.24}$$

で表されます．

rot が渦度を表している理由と様子ですが，これらは以下のように説明することが

できます.いま,図 A.5 に示すような,一様な速度 v で流れている流れがあるとします.この流れに渦度があるかどうか調べてみましょう.この流れは x 軸方向に一様な速度で流れていて,この方向の流れ成分を v_x とします.そして,y 軸方向の流れ成分 v_y および z 軸方向の成分 v_z は存在しないとします.

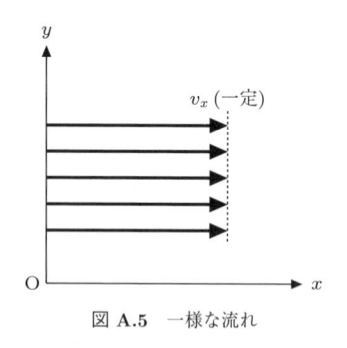

図 A.5 一様な流れ

そうしますと,式 (A.24) に示すように,rot v の式では流れ速度の各成分 v_x, v_y, v_z を,それぞれ異なる座標の位置座標で偏微分しているので,図 A.5 に示す流れでは v_x は存在しますが,$\partial v_x/\partial z$ も $\partial v_x/\partial y$ も 0 になります.また,y 軸方向の速度成分 v_y と z 軸方向の速度成分 v_z は存在しません.したがって,式 (A.24) の各項はすべて 0 になるので,rot v は 0 になります.この結果から,1 方向に一様な速度で流れている流れ速度が v の流れの渦度は 0 となり,渦は存在しないことがわかります.

ところが,流れが図 A.6 に示すように,流れ速度 v が一様でない場合は事情が異なります.いま,図 A.6 に示すように,流れ速度 v_x が y 軸方向の位置によって変化しているとすると,x 軸方向の速度 v_x は,次のように書くことができます.

$$v_x = ay + b \tag{A.25}$$

この式 (A.25) を使うと,$\partial v_x/\partial y = a$ となるので,y 軸方向の速度成分 v_y と z 軸方

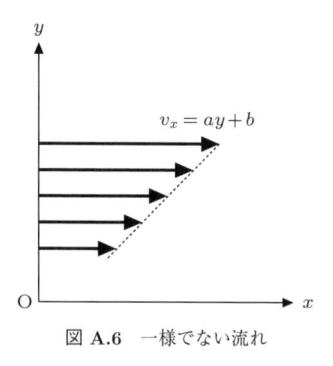

図 A.6 一様でない流れ

向の速度成分 v_z は存在しませんが,式 (A.24) の k の成分は $\partial v_y/\partial x - \partial v_x/\partial y = -a$ となり,存在します.したがって,rot $\boldsymbol{v}$ は値を持ちます.この結果,流れ速度 $\boldsymbol{v}$ が一様でない流れの場合には有限の渦度が存在し,渦ができることがわかります.

　流れの流速が一様でないときには流れに渦ができることがわかりましたが,現実の流体の間には摩擦力などが働くので,場所によって流れの速度が異なると,流れの間で働く力のために,流れにはさらに渦が生じやすくなるのです.たとえば,一様な速度でない流れにボールを投げ込むと,流れの速い場所ではボールが速く流れようとし,遅い場所では遅く流れようとします.だから,投げ込まれたボールの両側で流れ速度がわずかに異なるとしますと,両側の流れ速度のわずかな違いによってボールは回転を始めます.これはボールと流れの間に摩擦力が働くからです.

　私は子供の頃田舎に住んでいたので,夏の季節などには連日のように川遊びをして楽しんでいましたが,早く流れる川には渦が発生するのを何度か見たことがあります.そのときは「川の底に何か水を引き込むようなものがあるのかな？　なんだろう？」と不思議に思っていました.そうではなく,川の流れが位置によって異なっていたのですね.

　川の流れも流れがゆっくりしているときには,流れは一様に流れますが,流れが急になって流れ速度 v が大きくなると,ちょっとした原因で,流れが乱され,流れの速度は一様でなくなるのです.そして,川の流れの速度が場所によって異なってくると渦度が発生し,渦が発生するようです.

　川に限らず海においても海流などがあります.海水は流れていて,しかも海水は必ずしも一様な速度の流れではありません.このため海水にも時には渦流が発生します.海の渦流と言えば,四国と淡路島の間にある鳴門海峡の「鳴門の渦」は有名です.鳴門海峡は狭いために海峡では海水の流れが速くなっていますが,このときに海峡の位置によって海水の流れ速度が大きく変化し,その結果激しい渦が発生するものと考えられます.

　最後に,流れが円形に回転している場合を考えると,このときには2方向の流れ速度の x 軸方向の流れ速度 v_x と y 軸方向の流れ速度 v_y の両方があるので,もちろん流れ速度 $\boldsymbol{v}$ に,rot $\boldsymbol{v}$ が存在して渦度は有限であり,渦流が生じます.z 軸方向にも流れ速度を持つ3次元の流れの場合にも,rot $\boldsymbol{v}$ が存在し渦が発生することはもちろんのことです.

演習問題の解答

注：解答の数値計算の値は本文の場合と同じく有効桁数を 3 桁として答えることとする．

1 章

1.1 本文でも述べたように，ガリレイは，摩擦力がなければ物体が坂道を落下してその後登り坂を物体が昇る運動は，振り子のおもりの運動の軌跡と同じようになると考えたのである．振り子運動におけるおもり (の運動) は，ある高さの位置から左右に振れ始めると，おもりは振り子の支点の直下にある O 点を中心にして，左右で同じ高さまで振れて往復運動する (図 1.3 参照)．

だから，坂道における物体の運動の場合も，下り坂と登り坂の傾斜が異なっても，登りきる高さは，物体の最初の位置と同じ高さになると考えたと思われる (後の章で明らかになるが，同じ高さならば位置のエネルギーは同じなので，この考えは妥当であることがわかる)．

1.2 質量 m，力 F，加速度 a の間には $F = ma$ の関係があるので，加速度 a は $a = F/m$ となる．この式に，題意の $m = 10[\text{kg}]$，$F = 50[\text{N}]$ を代入すると，$[\text{N}] = [\text{kgm/s}^2]$ なので，$a = 50[\text{kgm/s}^2]/10[\text{kg}] = 5[\text{m/s}^2]$ となり，加速度 a は $5[\text{m/s}^2]$ と求まる．

1.3 $F = ma$ の関係式を使って，$m = 80[\text{kg}]$ と $a = 2.2[\text{m/s}^2]$ を代入すると，力 F は $F = 80[\text{kg}] \times 2.2[\text{m/s}^2] = 176[\text{kgm/s}^2] = 176[\text{N}]$ となり，力は 176[N] と求められる．

1.4 問 1.2 の場合と同じく $F = ma$ の関係を変形して，質量 m は $m = F/a$ となるので，この式に $F = 10[\text{N}]$ と $a = 5[\text{m/s}^2]$ を代入すると $m = 10[\text{N}]/5[\text{m/s}^2] = 2[\text{kg}]$ となり，答えの質量は 2[kg] と決まる．ここで $1[\text{N}] = 1[\text{kgm/s}^2]$ を使った．

1.5 重さは質量に重力加速度を掛けたもの (力になる) だから，体重 60[kg] の人の重さは $60[\text{kg}] \times 9.8[\text{m/s}^2] = 588[\text{kgm/s}^2]$ となり，この人の重さは $588[\text{kgm/s}^2]$ と求まる．

1.6 問題の (a) の (b) は微分の公式をそのまま使えばよいので，微分した関数の記

号に $f'(x)$ を使うことにすると (a) $f'(x) = 2x$, (b) $f'(x) = 1 - x^{-2} = 1 - 1/x^2$, また (c) は本文の説明と補足 1.1 を使って (c) $f'(x) = \cos x + 2e^{2x}$ と求まる.

1.7 問題の (a) の (b) は積分の公式をそのまま使えばよいので (関数 $f(x)$ を積分した関数には $F(x)$ を使うことにする). (a) $F(x) = x^2 + x$, (b) $F(x) = x - (-x^{-2+1}) = x + 1/x$, (c) は本文の説明を参考にして (c) $F(x) = (1/3)e^{3x} + x$ となる.

1.8 $F = ma$ の関係式を使って, $m = F/a$ の関係式に $a = 20[\text{m/s}^2]$ と $F = 50[\text{N}] = 50[\text{kgm/s}^2]$ を代入すると, $m = 50[\text{kgm/s}^2]/20[\text{m/s}^2] = 2.5[\text{kg}]$ となり, 質量 m は 2.5[kg] も求まる. そして, この質量は運動方程式から求めたので慣性質量である.

1.9 重力質量は物体の重さを重力加速度 g で割れば求まるので, $1000[\text{kgm/s}^2]/9.8[\text{m/s}^2] = 102[\text{kg}]$ となり, この人の重力質量は 102[kg] であることがわかる.

1.10 加速度 a で前へ進んでいる物体の時間 t における速度 v は, 初速度が 0[m/s] のときは, これを v_1 とすると $v_1 = at$ となり, 初速度が 20[m/s] の場合の速度 v は, これを v_2 とすると $v_2 = at + 20[\text{m/s}]$ となる.

これらの式を使うと, 10 秒後だから v_1 と v_2 の式に $t = 10[\text{s}]$ を代入して, 初速度が 0[m/s] のときと, 20[m/s] のときの 10 秒後のそれぞれの速度は, それぞれ次のように求められる.

初速度が 0 のとき：$v_1 = 10[\text{m/s}^2] \times 10[\text{s}] = 100[\text{m/s}]$,

初速度が 20[m/s] のとき：$v = 20[\text{m/s}] + 100[\text{m/s}] = 120[\text{m/s}]$.

2 章

2.1 上から順に, コップ酒, やきとりの数, および肉じゃがの皿数などを並べて, 縦長の数値の並びを作ると, 次の左側に示すようになる. また, 行列を使った表示は括弧として角括弧 [ ] を使って右側に示すようになる.

$$\begin{pmatrix} 5 & 3 \\ 2 & 6 \\ 2 & 1 \end{pmatrix} \quad \begin{bmatrix} 5 & 3 \\ 2 & 6 \\ 2 & 1 \end{bmatrix}$$

2.2 題意により, ベクトル $\boldsymbol{F}_1$ と $\boldsymbol{F}_2$ を, 行列を使って加えると和のベクトルを $\boldsymbol{C}$ として $\boldsymbol{C}$ は, 次のように求めることができる.

$$\boldsymbol{C} = \boldsymbol{F}_1 + \boldsymbol{F}_1 = \begin{bmatrix} 1+3 \\ 5+4 \\ 3+2 \end{bmatrix} \rightarrow \boldsymbol{C} = \begin{bmatrix} 4 \\ 9 \\ 5 \end{bmatrix}$$

2.3 題意により, 二つの風は次のように行列を使って表すことができる.

$$\begin{bmatrix} 3 \\ 1 \\ 2 \end{bmatrix} \quad \begin{bmatrix} -3 \\ -2 \\ -2 \end{bmatrix}$$

風を表すベクトルとして，これら二つの行列を使うと，これら二つの行列の和は，行列を使って，次のように演算される．

$$\begin{bmatrix} 3 \\ 1 \\ 2 \end{bmatrix} + \begin{bmatrix} -3 \\ -2 \\ -2 \end{bmatrix} = \begin{bmatrix} 0 \\ -1 \\ 0 \end{bmatrix}$$

したがって，二つの風を合わせた風は，風向きが水平で西方向の，風速が $1[\mathrm{m/s}]$ の速度を持つことになる．

2.4 題意にしたがって，ベクトル A とベクトル B の和は，二つのベクトルの合成にもなるが，これは図 P.1 に示すように，原点を始点として y 軸上に描いた太実線で表される．

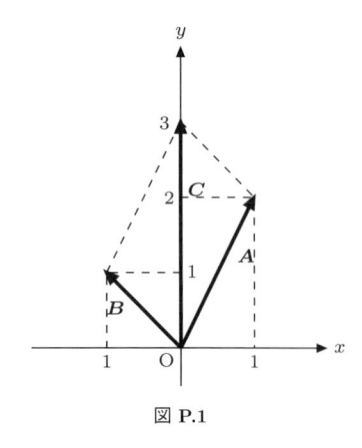

図 P.1

次に，ベクトル C の x 成分と y 成分は，行列の x 成分と y 成分を使って，次のように計算できる．

$$C_x = A_x + B_x = 1 - 1 = 0 \quad \rightarrow \quad C_x = 0$$
$$C_y = A_y + B_y = 2 + 1 = 3 \quad \rightarrow \quad C_y = 3$$

この結果，ベクトル C の先端 (終点) の座標は (0,3) となるが，この結果から，図 P.1 に描かれているベクトル C の x 成分と y 成分の値と一致していて，計算した結果が正しいことがわかる．

2.5 題意により，ベクトル A とベクトル B の和は，行列を使って次のように演算できる．

$$A = \begin{bmatrix} 3 \\ 6 \\ 7 \end{bmatrix} + B = \begin{bmatrix} 4 \\ 1 \\ -3 \end{bmatrix} \quad \rightarrow \quad C = A + B = \begin{bmatrix} 7 \\ 7 \\ 4 \end{bmatrix}$$

したがって，答えの和のベクトル C はベクトル記号を使うと，次のように表される．

$$C = 7i + 7j + 4k$$

2.6 題意により，行列要素 a_{ij} は $a_{11}, a_{21}, \ldots$ などとなるので，これらの行列要素を使って行列を具体的に書くと，次のように書ける．

$$\begin{bmatrix} a_{11} & a_{12} & a_{13} & a_{14} \\ a_{21} & a_{22} & a_{23} & a_{24} \\ a_{31} & a_{32} & a_{33} & a_{34} \end{bmatrix}$$

3 章

3.1 この車の速度 (秒速) を v[m/s] とすると，題意により，30分間に車は 22[km] 走ったので，関係式 $v \times 30 \times 60[\text{s}] = 22 \times 10^3[\text{m}]$ が成り立つ．この式を解くと，$v = (22 \times 10^3[\text{m}])/(30 \times 60[\text{s}]) = 12.2[\text{m/s}]$ となるので，この車の速度 (秒速) は 12.2[m/s] である．また，時速は 3600[s/h] を掛けて $v = 12.2[\text{m/s}] \times 3600[\text{s/h}] = 43.9[\text{km/h}]$ となる．

3.2 加速度 a と速度 v の関係は，時間を t とすると $v = at$ となるので，この車が加速しながら 3 秒間走ると速度 v は $v = 5[\text{m/s}^2] \times 3[\text{s}] = 15[\text{m/s}]$ となり，この間の走行距離 s は $s = (1/2)at^2 = 0.5 \times 5[\text{m/s}^2] \times 3^2[\text{s}^2] = 22.5[\text{m}]$ となる．この後は 15[m/s] の一定の速度で 1 時間 (= 3600[s]) 走るから，一定速度になった後の車の走行距離 s は $s = vt = 15[\text{m/s}] \times 3600[\text{s}] = 54[\text{km}]$ となる．したがって，この車が動き始めて止まるまでに走った距離は両方の距離を加えて 54.0[km] となる．また，時速は 15[m/s] に 3600[s/h] を掛けて 54[km/h] となる．

3.3 穴の上から落下する物体は重力加速度 g を持つので，この物体は等加速度運動をしていることになる．だから，穴の底に着いたときの物体の速度を v, 穴の深さを L とすると，これらの速度 v と穴の深さ L は，次の式で表される．

$$v = -gt, \quad L = -\frac{1}{2}gt^2 \quad (\text{P.1})$$

題意により，物体は 3 秒間で底に着いたので，$t = 3[\text{s}]$ を式 (P.1) の二つの式に代入すると，物体が穴の底に着いたときの速度 v と穴の深さ L は，それぞれ次のようになる．すなわち，$v = -9.8[\text{m/s}^2] \times 3[\text{s}] = -29.4[\text{m/s}]$, $L = -0.5 \times 9.8[\text{m/s}^2] \times 9[\text{s}^2] = -44.1[\text{m}]$ となる．したがって，穴の深さは地下 44.1[m] である．また，穴の底に落とした物体が底に着いたときの物体の速度 v は下向きの 29.4[m/s] と求めることができる．

3.4 地上 (0[m] の高さ) からボールを真上に投げた場合のボールの飛行速度を v_z とし，上下方向のボールの飛行距離はこれを z とすると，v_z と z は，ボールを投げる速度 (初速度になる) を v_0 とすると，本文で説明したように次の式で表される．

$$v_z = v_0 - gt, \quad z = -\frac{1}{2}gt^2 + v_0 t \quad (\text{P.2})$$

ボールが最高点に達したときボールは一瞬静止し，ボールの飛行速度 v_z は 0 になるので，$0 = v_0 - gt$ の関係より，ボールが最高点に到達するまでの時間 t は，$t = v_0/g$ となる．この時間 t を式 (P.2) の z の式に代入すると，ボールの到達するもっとも高い位置の高さ z_{max} は，$z_{max} = -(1/2)v_0^2/g + v_0^2/g = (1/2)v_0^2/g$ となる．

題意によると z_{max} は 30[m] なので，$30[m] = (1/2)v_0^2/g$ の関係より，ボールの初速度 v_0 は $v_0 = \sqrt{2 \times 9.8[m/s^2] \times 30[m]} = 24.2[m/s]$ と求まる．また，ボールが落ちた点ではボールの高さ z は 0 になるので，式 (P.2) の z の値を 0 とおくと，$t = 0$ と $t = 2v_0/g$ の二つの時間 t が得られる．しかし，$t = 0$ の方はボールを投げ上げたときの時間なので，ボールが落ちたときの時間 t は後者の $t = 2v_0/g$ である．したがって，ボールが落ちるまでの時間は，この式に g と v_0 の値を代入して $t = 2 \times 24.2[m/s]/9.8[m/s2] = 4.94[s]$ となるので，ボールが落ちてくるまでの時間は 4.94 秒である．

ボールが最高点に到達するまでの時間 t は，$t = v_0/g$ となるので，最高点にボールが到達するに要する時間は，この式から $24.2[m/s]/9.8[m/s^2] = 2.47[s]$ となる．したがって，ボールが最も高い位置から，落下点まで落ちる時間は 4.94 秒から 2.47 秒を引いて 2.47 秒となる．

この結果からボールを投げてからボールが最高点に達するまでの時間と，最高点からボールが地上に落ちてくるまでの時間は同じということになる．時間が同じになるのは不思議であり，ボールの上昇する時間よりも落下する時間の方が短くてもよさそうである．

しかし，式 (P.2) のボールの速度 v_z の式 $v_z = v_0 - gt$ を見ると，ボールが最高点に達したときには，ボールの初速度の v_0 値と gt の値が等しくなっている．この gt はボールの上昇時の減速速度になる．そして，ボールが最高点から地上 0[m] の位置に落下したときの速度は，式 (P.2) の v_z の式に $t = 2v_0/g$ を代入すると $-v_0$ となる．この値は $-gt$ に等しいので，ボールの上昇時の減速速度と絶対値は同じである．g の値はボールの上昇時も下降時も同じであるから，上昇中の速度の減少と下降中の速度の増加は等しいため，ボールが最高点に達するまでの時間と最高点から地上に落下するまでの時間が等しくなることがわかる．

3.5 秒速を時速に直すには，時間に対すると秒の倍数 ($= 60 \times 60 = 3600$ 倍) を掛ければよいから，秒速 40[m/s] → 40[m/s] × 3600[s/h] = 時速 144[km/h] と計算できるので，この投手のボールのスピードは時速 144[km] である．

また，上下を z 方向とすると，ボールの上下方向の速度 v_z とボールの高さ位置 z は，ボールを投げた場所の高さを h とすると，下方向に働く加速度は重力加速度だけだから，それぞれ $v_z = -gt$, $z = h - (1/2)gt^2$ となる．ボールが地面に落ちるまでの時間 t は，z の式に $z = 0$ を代入して時間 t を求めればよいから，$t^2 = 2h/g = 2 \times 2[m]/(9.8[m/s^2]) = 0.408[s^2]$ → $t = 0.639[s]$ となる．

ボールの前方を x 方向とすると，ボールの飛ぶ距離 x は $x = v_0 t$ となるので，この x の式に投げたボールの速度 $v_0 = 40 [\text{m/s}]$ と落下するまでの時間 $t = 0.639 [\text{s}]$ を代入して，$x = 40 \times 0.639 [\text{m}] = 25.6 [\text{m}]$ と計算できるので，ボールは 25.6[m] 前方まで達する．

3.6 投げたボールの水平方向を x 方向，上下方向を z 方向としているので，x 方向の速度 v_x，位置 x，そして，z 方向の速度 v_z，位置 z は，本文にあるようにそれぞれ次の式で表される．

$$v_x = v_0 \cos\theta, \quad x = (v_0 \cos\theta) t, \quad v_z = v_0 \sin\theta - gt, \quad z = (v_0 \sin\theta) t - \frac{1}{2} g t^2$$
(P.3)

ボールが達する最高点の高さ位置は，v_z が 0 のときの z の値であるから，$t = (v_0 \sin\theta)/g$ の関係を z の式に代入して，最高点の高さ位置 $z_{\max}$ は $z_{\max} = (v_0^2 \sin\theta^2)/2g$ となる．最高点の高さ位置 $z_{\max}$ の値は $z_{\max}$ の式に g，v_0 および θ の値を ($z_{\max}$ の) 式に代入して得られる．最高点の高さ $z_{\max}$ の値を求めると，$z_{\max} = (30^2 [\text{m}^2/\text{s}^2]) \times 0.707^2 / (2 \times 9.8 [\text{m/s}^2]) = (450/19.6) [\text{m}] = 23.0 [\text{m}]$ と計算できるので，最高点の高さは 23.0 メートルとなる．

また，ボールの落下した距離は，式 (P.3) の z の値が 0 になるときの，0 以外の t の値 ($t = 0$ は投げたとき) から求められるので，x の式に $t = (2v_0 \sin\theta)/g$ を代入して計算すると $x = (2 \times v_0^2 \sin\theta \cos\theta)/g = v_0^2 \sin 2\theta /g$ となる．この (x の) 式に g，v_0 および θ の値を代入して，$x = (30^2 [\text{m}^2/\text{s}^2]) \sin 90°/9.8 [\text{m/s}^2] = (900/9.8) [\text{m}] = 91.8 [\text{m}]$ と計算できるので，ボールの落下した距離は投げた地点から 91.8[m] と求まる．

4 章

4.1 物体 A と B の秒速を求めると，それぞれ $v_A = 36 [\text{km/h}]/3600 [\text{s/h}] = 10 [\text{m/s}]$，$v_B = 75 [\text{km/h}]/3600 [\text{s/h}] = 20.8 [\text{m/s}]$ となる．したがって，物体 A と B の運動量 p_A と p_B はそれぞれ，$p_A = 200 [\text{kg}] \times 10 [\text{m/s}] = 2000 [\text{kgm/s}]$，$p_B = 100 [\text{kg}] \times 20.8 [\text{m/s}] = 2080 [\text{kgm/s}]$ と求まる．

4.2 まず，運動量の変化 Δp を求め，これを使って物体の飛行速度の変化 Δv を求めればよい．運動量の変化 Δp は題意にしたがって $\Delta p = (1 - 0.8) [\text{kgm/s}]$ で，質量 m の変化はないから，次の式が成り立つ．

$$\Delta p = m \Delta v = (1.0 - 0.8) \, [\text{kgm/s}] \tag{P.4}$$

質量 m に題意により $m = 100[\text{g}] = 0.1 [\text{kg}]$ を使うと，$\Delta v = 0.2 [\text{kgm/s}]/0.1 [\text{kg}] = 2 [\text{m/s}]$ と物体の飛行中の速度 v の変化 Δv が求まる．また，変化する前の物体の飛行速度 v は運動量の値から，$v = p/m = 1 [\text{kgm/s}]/0.1 [\text{kg}] = 10 [\text{m/s}]$ となるので，変化後の飛行速度はこれから 2[m/s] を引いて 8[m/s] となる．

したがって，この物体は 10 秒間に飛行速度が 2 割減速している．運動量は物体に力が作用しない限り変化しないから，この物体の運動量が変化して，飛行速度が減速したのは物体に力が働いたはずである．この物体は飛行物体だから，減速の原因としては強い突風に見舞われるとか，鳥の群れに衝突したとかが推定される．

4.3 鉄の球の速度の変化 Δv は，題意により $\Delta v = \{15 - (-5)\}[\text{m/s}] = 20[\text{m/s}]$ となる．また，力積 Ft は運動量の変化量で与えられるので，$Ft = \Delta p = 15[\text{kg}] \times 20[\text{m/s}] = 300[\text{kgm/s}]$ と求まる．すると，この式から，力 F は $F = \Delta p/t = 300[\text{kgm/s}]/0.05[\text{s}] = 6000[\text{kgm/s}^2] = 6000[\text{N}]$ と計算できるので，このとき鉄の球に加わった力は $6000[\text{N}]$ である．加速度 a は $F = ma$ より，$a = 6000[\text{kgm/s}^2]/15[\text{kg}] = 400[\text{m/s}^2]$ となる．

4.4 題意により，運動量の変化 Δp は，$\Delta p = \{100 - (-80)\}[\text{kgm/s}] = 180[\text{kgm/s}]$ となる．このとき $Ft = \Delta p$ の関係から，$t = 0.01[\text{s}]$ を使うと，$F = 180[\text{kgm/s}]/0.01[\text{s}] = 18000[\text{kgm/s}^2]$ となる．この力 F によって物体が得た加速度 a は，$F = ma$ の関係より，$a = F/m = 18000[\text{kgm/s}^2]/1[\text{kg}] = 18000[\text{m/s}^2]$ となる．また，速度の変化 Δv は，$\Delta p = m\Delta v$ の関係より，$\Delta v = \Delta p/m = 180[\text{kgm/s}]/1[\text{kg}] = 180[\text{m/s}]$ と計算できる．

以上の結果，この物体は 0.01 秒という短時間に運動量がプラスからマイナスに変化し，物体には $18000[\text{N}]$ という大きな力が加わっているので，どこかで何かと衝突を起こし，進行方向が逆転したと思われる．

4.5 この問題を解くには，物体の置かれている面を 2 次元平面と考え，物体の進行方向を x 方向と y 方向に分けて運動量を考えるのがよい．物体 A と B の衝突前後の速度を v_1, v_2 および v_1', v_2' とすると，運動量の x 成分と y 成分は，次のように書ける．

$$X \text{成分}: m_1 v_1 + m_2 v_2 = m_1 v_1' \cos 30° + m_2 v_2' \cos 60° \quad \text{(P.5a)}$$

$$Y \text{成分}: 0 = m_1 v_1' \sin 30° - m_2 v_2' \sin 60° \quad \text{(P.5b)}$$

式 (P.5a,b) に質量 $m_1 = 500[\text{g}]$, $m_2 = 100[\text{g}]$, 散乱方向の角度の 30 度，60 度および $v_1 = 10[\text{m/s}]$, $v_2 = 0$ の値を代入して少し計算すると，次の二つの式が得られる．

$$5 = \frac{\sqrt{3}}{4} v_1' + \frac{1}{20} v_2' \quad \text{(P.6a)}$$

$$0 = \frac{1}{4} v_1' - \frac{\sqrt{3}}{20} v_2' \quad \text{(P.6b)}$$

式 (P.6b) より，$v_2' = (5/\sqrt{3}) v_1'$ の関係が求まるので，この関係を式 (P.6a) に代入して計算すると，$v_1' = 8.66[\text{m/s}]$, $v_2' = 25[\text{m/s}]$ と計算できる．したがって，衝突後の物体 A, B の速度 v の大きさはそれぞれ $8.66[\text{m/s}]$ と $25[\text{m/s}]$ である．

4.6 二つの物体の質量を m とし，衝突前後の物体 A と B の速度を v_1, v_2 および

v'_1, v'_2 とすると,運動量保存の法則と衝突前後の速度の関係より,次の二つの式が成り立つ.

$$mv_1 + mv_2 = mv'_1 + mv'_2 \quad \text{(P.7a)}$$

$$v'_1 - v'_2 = e(v_2 - v_1) \quad \text{(P.7b)}$$

式 (P.7a) においては両辺の m を通分し,(P.7b) では $e = 1$ とおいて,この二つの式を連立方程式とみなして解くと,$v'_1 = v_2, v'_2 = v_1$ となるので,$v_1 = 10[\text{m/s}]$ と $v_2 = 5[\text{m/s}]$ を代入して,衝突後の物体 A と B の速度は,それぞれ $5[\text{m/s}], 10[\text{m/s}]$ と求まる.

4.7 傾斜角が θ の坂道であって,坂道に摩擦力(運動摩擦係数 μ')が働けば車に加わる加速度 a は,$a = g(\sin\theta - \mu'\cos\theta)$ となる.ブレーキをはずしたとき,この車がこの加速度 a で坂道を等加速度運動して坂道を走って下るとすると,t 秒後の車の速度は,$v = at = g(\sin\theta - \mu'\cos\theta)t$ となる.g の値および摩擦係数 μ' と θ の値 (30 度) を代入すると,加速度 a は $a = 9.8[\text{m/s}^2] \times (0.5 - 0.2 \times 0.866) = 3.20[\text{m/s}^2]$ となる.

したがって,車が坂の下に到着したときの速度 v は,$v = 3.20[\text{m/s}^2] \times 10[\text{s}] = 32.0[\text{m/s}]$ と求まる.車は坂道を降りたその瞬間から平らな道を走るので,この車が平らな道を走り始める速度は坂道を降りたときの速度と同じになり,車の速度は $32.0[\text{m/s}]$ である.

5 章

5.1 回転数 n が $n = 2[\text{s}^{-1}]$ なので,周期 T は $T = 1/n = 1/2[\text{s}^{-1}] = 0.5[\text{s}]$.角速度 ω は円を一周する角度は 2π なので,2π を周期 T で割れば求まり,$\omega = 2\pi/0.5[\text{s}] = 12.6[\text{s}^{-1}]$ となる.回転速度 v は $v = r\omega$ を使って $v = 1[\text{m}] \times 12.6[\text{s}^{-1}] = 12.6[\text{m/s}]$ となる.向心力 F は $F = mr\omega^2$ を使って,$F = 1[\text{kg}] \times 1[\text{m}] \times (12.6[\text{s}^{-1}])^2 = 159[\text{kgm/s}^2]$ と求まる.

5.2 おもりの付いた糸が耐えることのできる最大の力を F とすると,題意により $F = 2[\text{kg}] \times 9.8[\text{m/s}^2] = 19.6[\text{kgm/s}^2]$ となる.回転運動の向心力を $F_{向心力}$ とすると $F_{向心力} = mv^2/r = 0.02[\text{kg}] \times v^2/(0.8[\text{m}])$ の関係が得られるが,糸が切れたときに糸に掛かる向心力は糸が耐える最大の力に等しいはずであるから $F = F_{向心力}$ として,この関係式から速度 v の二乗は $v^2 = (19.6[\text{kgm/s}^2] \times 0.8[\text{m}])/0.02[\text{kg}] = 784[\text{m}^2/\text{s}^2]$ となるので,速度 v は $v = 28[\text{m/s}]$ と求まる.また,円周の長さは $2\pi r = 2 \times \pi \times 0.8[\text{m}] = 5.02[\text{m}]$ なので,毎秒の回転回数 n は $n = 28[\text{m/s}]/5.02[\text{m}] = 5.58[\text{s}^{-1}]$ と求めることができる.

5.3 単振動の変位を y とすると,y は式 (5.11b) を使って,$y = A\sin(\omega t + \phi)$ で表さ

れるので，この式を使うと，振幅 A は $A = 0.02$[m]，角振動数 ω は周期を T として，題意により $\omega = 2\pi/T = 6.28/10$[s] $= 0.628$[s^{-1}]($= \pi/5$) となる．初期位相 ϕ は $(1/4)\pi$ なので，振動を始めてから 5 秒後の位相は $\omega t + (1/4)\pi = (\pi/5) \times 5 + (1/4)\pi = (5/4)\pi$ ($= 225°$) となる．したがって，変位 y は $y = 0.02$[m] $\times \sin 225° = -0.02/\sqrt{2}$[m] $= -0.014$[m] と求めることができる．

5.4 ばねを x だけ伸ばしているので変位 x は 0.02[m] だから，フックの法則の式 $F = kx$ を使うと，ばねに加わる力 F は $F = 10$[kg/s^2] $\times 0.02$[m] $= 0.2$[kgm/s^2] となる．また，この力 $F = 0.2$[kgm/s^2] を使うと，$F = ma$ の関係より，加速度 a は $a = 0.2$[kgm/s^2]$/0.01$[kg] $= 20$[m/s^2] と求まる．

次に，単振動の加速度 a は角振動数 ω と変位 y を使って，$a = -\omega^2 y$ で表されるので，y を x に読み替え，かつ，マイナス記号を除いて，角振動数 ω を求めるために ω^2 を導くと，$\omega^2 = 20$[m/s^2]$/0.02$[m] の関係が得られるので，角振動数 ω は $\omega = 31.6$[s^{-1}] と求まる．

5.5 振り子の長さが l の単振り子時計の周期 T は $T = 2\pi\sqrt{l/g}$ で表されるので，この関係を使うと，振り子時計の振り子の長さ l は $l = (T/2\pi)^2 g$ となるので，この式に $T = 1$[s]，$g = 9.8$[m/s^2] を代入して振り子の長さ l を計算すると，$l = 9.8$[m/s^2] $\times$ [s^2]$/6.28^2 = 0.248$[m] となるので，振り子時計の振り子の長さは約 25[cm] であることがわかる．

5.6 まず回転速度 v は $v = r\omega$ となるので，この式に $r = 0.1$[m] と $\omega = 0.1$[s^{-1}] を代入して計算すると回転速度 v は $v = 0.1$[m] $\times 0.1$[s^{-1}] $= 0.01$[m/s] となる．したがって，角運動量 l は $l = mvr$ だから，題意の $m = 0.01$[kg]，$r = 0.1$[m] を代入して計算すると $l = 0.01$[kg] $\times 0.01$[m/s] $\times 0.1$[m] $= 1 \times 10^{-5}$[kgm^2/s] と求めることができる．

5.7 角運動量保存の法則により，角運動量 mvr は一定に保たれるので，この関係を使うことができる．長さが 1[m] で回転していたときの棒の角運動量 $l_\text{前}$ は，回転速度が $v = r\omega = 1$[m] $\times 10$[s^{-1}] $= 10$[m/s] なので $l_\text{前} = 0.01$[kg] $\times 10$[m/s] $\times 1$[m] $= 0.1$[kgm^2/s] である．この角運動量 0.1[kgm^2/s] は，棒の長さが 0.2[m] になったときも保たれるので，棒の長さが 0.2[m] に縮んだときの回転速度を v とすると，0.1[kgm^2/s] $= 0.01$[kg] $\times v \times 0.2$[m] の関係が成り立つ．この式より回転速度 v を求めると，$v = 50$[m/s] となるので，棒が縮んだ後の回転速度は 50[m/s] である．

5.8 重力加速度 g は本文の式 (5.33) で表されるので，この関係を使って月の重力加速度を求めることができる．万有引力定数 G および月の質量 $M = 7.35 \times 10^{22}$[kg] と半径 $R = 3474/2 = 1737$[km] の値を式 (5.33) に代入して計算すると，$g_\text{月} = (6.673 \times 10^{-11}$[Nm^2/kg^2]$\times 7.35 \times 10^{22}$[kg]$)/(1.74 \times 10^6$[m]$)^2 = 1.62$[m/s^2] となる．この値は地球の重量加速度 g の約 1/6 になる．実際にも月の重力加速度は地球の重力加速度の 1/6 と言われている．

5.9 衛星を持つ惑星の質量 M は本文の式 (5.40) を使って計算できる．この式に万有引力定数 G および衛星イオの公転半径 $R = 4.21 \times 10^8 [\text{m}]$ と公転周期 $T = 1.769$ 日 $= 1.769 \times 24 \times 3600 [\text{s}] = 1.53 \times 10^5 [\text{s}]$ を代入して計算すると，$M = \{(4\pi^2) \times (4.21 \times 10^8)^3\}/\{6.673 \times 10^{-11} \times (1.53 \times 10^5)^2\} = 1.89 \times 10^{27} [\text{kg}]$ と求まる．正しい木星の質量の値は $1.8986 \times 10^{27} [\text{kg}]$ とされているので，計算結果はほぼ妥当であろう．

6 章

6.1 位置のエネルギー U は $U = mgh$ で与えられるので，題意の $m = 0.01 [\text{kg}]$，$g = 9.8 [\text{m/s}^2]$ および $h = 1 [\text{m}]$ を，この式に代入して計算すると，$U = 0.01 [\text{kg}] \times 9.8 [\text{m/s}^2] \times 1 [\text{m}] = 0.098 [\text{N} \cdot \text{m}]$ となるので，位置のエネルギー U は $0.098 [\text{J}]$ である．

6.2 車の運動エネルギー K は，$K = (1/2)mv^2$ で当て与えられるので，これに題意の車の質量 m と速度 v の $m = 500 [\text{kg}]$ と $v = 54000 [\text{m}]/(3600 [\text{s}]) = 15 [\text{m/s}]$ を代入すると，車の運動エネルギー K_1 は $K_1 = 0.5 \times 500 [\text{kg}] \times (15 [\text{m}])^2 = 56250 [\text{N} \cdot \text{m}] = 56250 [\text{J}]$ となり，トラックの方は質量の $m = 2000 [\text{kg}]$ と速度の $v = 36000 [\text{m}]/(3600 [\text{s}]) = 10 [\text{m/s}]$ を代入すると，トラックの運動エネルギー K_2 は $K_2 = 0.5 \times 2000 [\text{kg}] \times (10 [\text{m}])^2 = 100000 [\text{N} \cdot \text{m}] = 100000 [\text{J}]$ となる．トラックの運動エネルギーの方が 2 倍近く大きい．

6.3 ばねのポテンシャルエネルギー U は，$U = (1/2)kx^2$ で与えられるので，この式に題意の $k = 5.0 [\text{N/m}]$ と $x = 0.2 [\text{m}]$ を代入して U を計算すると，$U = 0.5 \times 5.0 [\text{N/m}] \times (0.2 [\text{m}])^2 = 0.1 [\text{J}]$ となる．一方，$1 [\text{m}]$ の高さに持ち上げた，$10 [\text{g}]$ の物体の位置のエネルギー U は，$U = mgh = 0.01 [\text{kg}] \times 9.8 [\text{m/s}^2] \times 1 [\text{m}] = 0.098 [\text{J}]$ となる．したがって，ばねのポテンシャルエネルギーの方がわずかに大きい．

6.4 ばねが静止しているときのポテンシャルエネルギー $(1/2)kx^2$ と，ばねが振動を始めたときの運動エネルギー $(1/2)mv^2$ の間には，エネルギー保存の法則が成り立つので，$(1/2)kx^2 = (1/2)mv^2$ の関係が成り立つ．したがって，この関係よりばねの運動 (振動) 速度 v は $v = x\sqrt{k/m}$ と求まる．この式にばね定数 $k = 5.0 [\text{N/m}]$ と変位 $x = 0.2 [\text{m}]$，およびおもりの質量 $m = 0.01 [\text{kg}]$ を代入して速度 v の値を計算すると，$v = 0.2 [\text{m}] \times \sqrt{5.0 [\text{N/m}]/0.01 [\text{kg}]} = 0.2 [\text{m}] \times \sqrt{500 [\text{s}^{-2}]} = 4.47 [\text{m/s}]$ となるので，おもりの最大速度 v は $4.47 [\text{m/s}]$ と求まる．

6.5 この問題ではエネルギー保存の法則が使える．$10 [\text{m}]$ の高さの坂道の上にある鉄の球は静止しているので，この球は位置のエネルギーだけを持っているが，位置のエネルギーは mgh となる．また，平らな道に転がり降りたときには，球のエネルギーは運動エネルギー $(1/2)mv^2$ のみになる．二つのエネルギーはエネルギー保存の法則に

より等しくなるので，$mgh = (1/2)mv^2$ の関係式が成り立つ．この式より平らな道における球の速度 v は $v = \sqrt{2gh}$ となる．この式に $h = 10[\text{m}]$, $g = 9.8[\text{m/s}^2]$ を代入して v の値を計算すると，$v = \sqrt{2 \times 9.8[\text{m/s}^2] \times 10[\text{m}]} = \sqrt{196[\text{m}^2/\text{s}^2]} = 14[\text{m/s}]$ となるので，速度 v は $14[\text{m/s}]$ と求まる．

6.6 この問題もエネルギー保存の法則が使える．左側に持ち上げられた状態ではおもりは静止しているので，この位置でのエネルギーは，O 点を基準としたおもりの位置のエネルギー mgh のみである．また，O 点では位置のエネルギーは 0 なので，運動エネルギー $(1/2)mv^2$ のみになる．エネルギー保存の法則からこれら二つのエネルギーは等しくなるので，$mgh = (1/2)mv^2$ の関係が成り立つ．この関係式より，速度 v は $v = \sqrt{2gh}$ となるので，この式に題意の $h = 0.3[\text{m}]$ と $g = 9.8[\text{m/s}^2]$ を代入して v を計算すると，$v = \sqrt{2 \times 9.8[\text{m/s}^2] \times 0.3[\text{m}]} = \sqrt{5.88[\text{m}^2/\text{s}^2]} = 2.42[\text{m/s}]$ となるので，速度 v は $2.42[\text{m/s}]$ と求まる．

6.7 高さ h の高台の上から水平前方向に投げた物体の水平方向の加速度，速度，位置をそれぞれ a_x, v_x, x とし，垂直方向の加速度，速度，位置を a_z, v_z, z とすると，初速度を v_0 として，これらは次のようになる．すなわち，$a_x = 0$, $v_x = v_0$, $x = v_0 t$ および $a_z = -g$, $v_z = -gt$, $z = h - (1/2)gt^2$ となる．

したがって，2 秒後の物体の高さ z は，$z = (h - 2g)[\text{m}] = (20 - 19.6)[\text{m}] = 0.4[\text{m}]$，2 秒後の速度は x 成分の v_x が $v_0 = 2.5[\text{m/s}]$ で，y 成分の v_y は $-2g = -19.6[\text{m/s}]$ となるので，速度 v は $v = \sqrt{v_x^2 + v_y^2}$ の関係を使うと，$v = \sqrt{(2.5^2 + 19.6^2)}[\text{m/s}] = \sqrt{390.41}[\text{m/s}] = 19.76[\text{m/s}]$ となる．したがって，位置のエネルギー U は，z を高さ h と読み変えて $U = mgh = 0.05[\text{kg}] \times 9.8[\text{m/s}^2] \times 0.4[\text{m}] = 0.196[\text{J}]$ となる．また，運動エネルギー K は，速度 v を使って $K = (1/2)mv^2 = 0.5 \times 0.05[\text{kg}] \times (19.76[\text{m/s}])^2 = 9.76[\text{J}]$ と求まる．

6.8 エンジンを止めたときの速度を減速後の初速度と考えればよいので，初速度は車のそれまで走っていた速度 v になる．したがって，初速度を v_0 とすると，初速度 v_0 は $v_0 = (54000[\text{m}])/(3600[\text{s}]) = 15[\text{m/s}]$ となる．

減速後の加速度を a とすると，エンジンを止めてから t 秒後の速度を v として，$v = v_0 - at$ となる．この速度 v の式は微分を使うと $\text{d}x/\text{d}t = v_0 - at$ と書けるので，時間 t で積分してエンジンを止めてからの車の進む距離 x を表す式を求めると，$x = v_0 t - (1/2)at^2$ となる．

車が止まると速度 v は 0 になるので，$v_0 - at = 0$ の関係式が成り立つ．この式より車が止まるまでの時間 t を求めると $t = v_0/a$ となる．この時間 t を x の式に代入して x を求めると，$x = v_0^2/2a$ となる．x の値にはエンジンを止めてから車が止まるまでの距離 $100[\text{m}]$ を使えばよいので，x にこの値を使って，エンジンを止めた後の車の減速加速度 a は $a = v_0^2/2x = (15[\text{m/s}])^2/(2 \times 100[\text{m}]) = 1.13[\text{m/s}^2]$ と求めら

れる．

　減速の加速度 a と運動摩擦係数 μ' の間には 4 章の式 (4.21) に示したように $a = \mu'g$ の関係がある．したがって，この式を使って運動摩擦係数は，$\mu' = a/g = 1.13[\text{m/s}^2]/(9.8[\text{m/s}^2]) = 0.115$ となる．また，失われたエネルギーは，エンジンが止まってから車が止まるまでに車のした仕事になるので，$W = Fx = max = 1200[\text{kg}] \times 1.13[\text{m/s}^2] \times 100[\text{m}] = 1.36 \times 10^5[\text{J}]$ と求まる．

6.9 この車の速度 v は秒速に換算すると，$v = 54000[\text{m}]/3600[\text{s}] = 15[\text{m/s}]$ となる．また，坂道を 20[m] 進んだときの高さ位置 h は，$h = 20[\text{m}]\sin 30° = 10[\text{m}]$ となる．したがって，位置のエネルギー U は，$U = mgh = 1000[\text{kg}] \times 9.8[\text{m/s}^2] \times 10[\text{m}] = 9.8 \times 10^4[\text{J}]$ と計算できる．また，この車の平地を走っているときの運動エネルギー K は，$K = (1/2)mv^2 = 0.5 \times 1000[\text{kg}] \times (15[\text{m/s}])^2 = 1.125 \times 10^5[\text{J}]$ となる．

　平地を走っているときの車のエネルギーと坂道を走っているときの車のエネルギーの間にはエネルギー保存の法則が成り立つので，20[m] 登った坂道上における運動のエネルギー K は，$K = (1.125 \times 10^5 - 9.8 \times 10^4)[\text{J}] = (1.45 \times 10^4)[\text{J}]$ と求められる．

　また，坂道上における車の速度 v は，$K = (1.45 \times 10^4)[\text{J}] = (1/2)mv^2$ の関係から，$v^2 = \{2 \times 1.45 \times 10^4[\text{J}]\}/(1000[\text{kg}]) = 29[\text{m}^2/\text{s}^2]$ となるので，$v = \sqrt{29[\text{m}^2/\text{s}^2]} = 5.39[\text{m/s}]$ と求まる．時速に換算すると，$v = 5.39[\text{m/s}] \times 3600[\text{s/h}] = 19.4[\text{km/h}]$ となる．

6.10 高さが h の坂道上における車のエネルギーは位置のエネルギー mgh（運動エネルギーは 0）のみになり，坂を下ったときの車の得るエネルギーは位置のエネルギーは 0 だから，運動エネルギー $(1/2)mv^2$ だけである．したがって，エネルギー保存の法則により $mgh = (1/2)mv^2$ の関係が成り立つ．この関係式より速度 v は，$v = \sqrt{2gh}$ となるので，車が坂を下って平らな道を走り始めたときの初速度 v_0 は，$v_0 = \sqrt{2gh}$ となる．

　また，平らな道を走り始めてから t 秒後の速度 v は，初速度を v_0 とし，減速の加速度を a とすると，$v (= \mathrm{d}x/\mathrm{d}t) = v_0 - at$ となる．また，車の走る距離 x は速度 v の式を時間 t で積分して，$x = v_0 t - (1/2)at^2$ となる．車が 20[m] 走って止まったので，このとき車の速度 v は 0 になるので，$v_0 - at = 0$ より，止まるまでの時間 t は $t = v_0/a$ となる．この時間 t を x の式に代入すると，$x = v_0^2/2a$ の関係が得られる．

　車が止まるまでに走った距離は 20[m] なので，x にこの値を使うと加速度 a は $x = v_0^2/2a$ の関係を使って，$a = v_0^2/2x = (2gh)/(40[\text{m}]) = (2 \times 9.8[\text{m/s}^2] \times 30[\text{m}])/(40[\text{m}]) = 14.7[\text{m/s}^2]$ となる．また，この加速度 a によって車に加わる力 F は，$F = ma = 1200[\text{kg}] \times 14.7[\text{m/s}^2] = 17640[\text{N}]$ となる．したがって，車が止まるまでにした仕事 W は，$W = Fs = 17640[\text{N}] \times 20[\text{m}] = 3.53 \times 10^5[\text{J}]$ となる．

　また，車が平らな道を走り始めてから止まるまでの時間 t は，$t = v_0/a =$

$\sqrt{2gh}/(14.7[\text{m/s}^2]) = \sqrt{2 \times 9.8[\text{m/s}^2] \times 30[\text{m}]}/(14.7[\text{m/s}^2]) = 24.2[\text{m/s}]/(14.7[\text{m/s}^2]) = 1.65[\text{s}]$ となるので,仕事 $W = 3.53 \times 10^5[\text{J}]$ を使うと仕事率 P は,$P = W/t = 3.53 \times 10^5[\text{J}]/(1.65[\text{s}]) = 2.14 \times 10^5[\text{W}]$ と求められる.

7 章

7.1 右半分の半径 $(1/2)a$ の円板を切り取られた,半径 a の三日月形円板と,元の円板から切り離された半径 $(1/2)a$ の円板 (小円板) は,小円板を元の位置に置いて固定し,元の半径 a の円板の中心で下から支えると,当然両者はつり合うことになる.

元の円板の中心の左右の方向を x 軸にとると,三日月形円板の重心も,小円板の重心も対称性から考えて,当然 x 軸上にある.そして,図 M7.1 において,小円板の重心は中心から右に距離が $(1/2)a$ の位置にある.いま,三日月形円板の重心位置が中心から左に距離 x の位置にあるとすると,小円板を元に戻して固定するとつり合うのだから元の円板の質量を M として,両者の間には,次のつり合いの式が成り立つ.

$$\frac{3}{4}Mg \times x = \frac{1}{4}Mg \times \frac{1}{2}a \tag{P.8}$$

この式 (P.8) を解くと,$x = (1/6)a$ となるので,三日月形円板の重心位置の座標は $(-(1/6)a, 0)$ と求まる.

7.2 図 M7.2 を参照して,水平方向の力は壁による水平抗力 N' とこれと逆向きの摩擦力 F なので,水平方向では次の式が成り立つ.

$$N' + (-F) = 0 \tag{P.9}$$

また,垂直方向の力は床による垂直抗力 N と棒の質量 M による重力の Mg なので,垂直方向には次の式が成り立つ.

$$N + (-Mg) = 0 \tag{P.10}$$

また,棒が床と接する点 B における力のモーメントのつり合いの式は,次のようになる.

$$Mg \times \frac{1}{2}l\cos\theta + (-N'l\sin\theta) = 0 \tag{P.11}$$

これらの 3 個の式 (P.9),式 (P.10),および式 (P.11) より,壁の水平抗力 N' と床の垂直抗力 N は,次のように求まることがわかる.

$$N = Mg, \; N' = F = \frac{Mg}{2\tan\theta} \tag{P.12}$$

したがって,式 (P.12) の N と N' に,題意の $M = 30[\text{kg}]$,$\theta = 60°$ を代入して計算すると,$\tan\theta = \sqrt{3}$ なので,N と N' は次のように求めることができる.

$$N = 30[\text{kg}] \times 9.8[\text{ms}^{-2}] = 294[\text{kgms}^{-2}] = 294[\text{N}],$$
$$N' = \frac{294[\text{kgms}^{-2}]}{2\sqrt{3}} = 84.9[\text{N}]$$

7.3 題意の円盤の質量 M は，半径を l，面密度を ρ とすると，$M = \rho\pi l^2$ となる．また，円盤の中心から距離 r の位置での幅 $\mathrm{d}r$ のリングを考える．リングの質量を $\mathrm{d}m$ とすると，$\mathrm{d}m$ は面密度 ρ に円周の長さ $2\pi r$ とリングの幅 $\mathrm{d}r$ を掛けたものになるので，$\mathrm{d}m$ は次の式で与えられる．

$$\mathrm{d}m = \rho \times 2\pi r \mathrm{d}r \tag{P.13}$$

したがって，慣性モーメント I は，本文の式 (7.6c) を使うと，

$$I = \int \rho r^2 \mathrm{d}V \tag{7.6c}$$

となるが，ここでは $\mathrm{d}V = 2\pi r \mathrm{d}r$ なので $\rho \mathrm{d}V = \rho \times 2\pi r \mathrm{d}r$ となり，式 (7.6c) は次のように計算できる．

$$I = \int 2\rho\pi r \times r^2 \mathrm{d}r \tag{P.14a}$$

$$= \int 2\rho\pi r^3 \mathrm{d}r \tag{P.14b}$$

$$= 2\pi\rho \int_0^l r^3 \mathrm{d}r \tag{P.14c}$$

$$= 2\pi\rho \frac{l^4}{4} \tag{P.14d}$$

ここで，$\rho\pi l^2 = M$ の関係があるので，この関係を使うと，式 (P.14d) より円盤の慣性モーメント I は $I = (1/2)Ml^2$ と求まる．

7.4 パスカルの原理によると，本文の式 (7.21) にしたがって，ピストンの面積比倍の力が得られる．いまの場合，面積比は $1[\mathrm{m}^2]/(5 \times 10^{-4}[\mathrm{m}^2]) = 2000$ となるので，2000 倍の力が得られる．したがって，ピストン②で得られる力 F は，$F = 490[\mathrm{N}] \times 2000 = 9.8 \times 10^5[\mathrm{N}]$ となる．荷物の質量を M とすると，$Mg = F$ とおけるので，$M = F/g = 9.8 \times 10^5[\mathrm{N}]/9.8[\mathrm{ms}^{-2}] = 1 \times 10^5[\mathrm{kg}]$ となり，質量 100 トンの荷物を持ち上げることができることがわかる．

7.5 氷山に働く浮力 F は，氷山が海面下に沈んでいる体積を V' とすると，海水の密度を ρ として $F = V'\rho g$ となる．一方，氷山の重さはその体積を V とすると氷山の密度を ρ' として $V\rho'g$ となる．氷山の重さと浮力はつり合っているので $V'\rho g = V\rho'g$ の式が成り立つ．したがって，氷山の海面下の体積 V' と氷山の体積 V の比は $V'/V = \rho'/\rho$ となる．ρ と ρ' にそれぞれ，$1.05 \times 10^3[\mathrm{kgm}^{-3}]$ と $0.92 \times 10^3[\mathrm{kgm}^{-3}]$ 代入すると，$V'/V = 0.876$ となるので，氷山の海面下に沈んでいる割合は全体の 87.6%である．

7.6 野球のボールと空気の流れを上から見て摸式的に描くと図 P.2 に示すようになる．この図ではボールは下方から上方へ進んでおり，かつ，ボールが右回りに回転していると仮定している．だから，ボールに対する空気の流れは上方から下方向へ向かうことになる．

図 P.2 において，ボールの左側ではボールの回転方向は空気の流れに対して逆方向

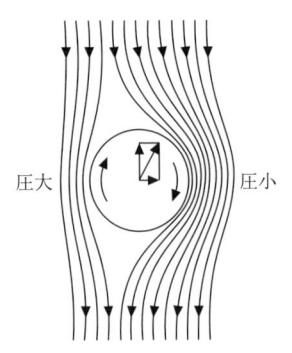

図 P.2　シュートボールのまわりの空気の流れ

になるので，ボールの回転の影響を受けてボールの近傍では空気の流れは若干遅くなる．しかし，ボールの右側では空気の流れとボールの回転方向がそろうので，ボールの回転にアシストされて，ボールの近傍では空気の流れが早くなる．すると，ベルヌーイの定理によって，ボールの左側では空気の圧力が上がり，右側では空気の圧力が下がることになる．左右の圧力差によってボールは左から右方向へ押されるので，ボールは右方向へ曲がり，ボールはシュートしながら右上の方向へ進むことになることがわかる．

索引

curl　161

div　160

grad　160

MKS 単位　12

rot　161

あ　行

圧力　143
アルキメデスの原理　147, 148

位置のエネルギー　114

渦 (うず) 度　161
運動エネルギー　117, 119
運動座標系　87
運動方程式　21, 61
運動摩擦　76
運動摩擦係数　77
運動量　61
　――の運動方程式　62
運動量保存の法則　67–69, 71

エネルギー　112
エネルギー保存の法則　121
円運動　82

重さ　19

か　行

回転　161
回転運動　96
　――の方程式　101, 141
回転運動エネルギー　139
回転角　83
回転数　83
回転速度　83
回転力　135
角運動量　100, 101, 138
角運動量保存の法則　101, 102, 108
角振動数　89
角速度　83
加速度　7, 13
ガリレイ　1
慣性質量　20
慣性の法則　2, 5, 21, 22
慣性モーメント　97, 99, 137–139

求心力　86
行列　40
行列要素　41

偶力　137

ケプラー　107
　――の法則　107

向心力　86
剛体　130, 131

公転　96
勾配　160
合力　137

　　　　さ　行

最大摩擦力　78
作用線　131
　　——の定理　131
作用点　131
作用・反作用の法則　22

仕事　112
仕事率　126, 127
質点　25
　　——の力学　25
質点系の力学　26
質量中心　132
自転　96
周期　83
重心　132
自由落下運動　49
重力　10
重力加速度　11, 13, 103, 104
重力質量　19
循環　161
初期位相角　90
新科学対話　2

垂直効力　76
水平方向に投げた物体の運動　52
スカラー　30
スカラー積　155, 156
スカラー倍　155

静止座標系　86
静止摩擦　75
静止摩擦係数　76, 79
積分　14
　　——の公式　18

相互作用エネルギー　116
速度　7, 16

　　　　た　行

単位　12
単位ベクトル　41, 157
単振動　88
弾性エネルギー　115
弾性衝突　74
弾性体のポテンシャルエネルギー　116
単振り子　94

力　13
　　——のつり合い　136
　　——のモーメント　97, 101, 134, 135
調和振動　88

天体の質量　104

等加速度運動　47
等加速度直線運動　47
等速円運動　83
等速直線運動　45
等時性　96
トルク　97, 134

　　　　な　行

流れ率　161
斜め上方向に投げた物体の運動　55
ナブラ　159
ナブラ二乗　159

ニュートン　5
ニュートン力学　6, 20
　　——の3原則　21

　　　　は　行

パスカルの原理　146, 147
発散　160
ばね定数　92
馬力　126
反発係数　74
万有引力　103
万有引力定数　103

非弾性衝突 74
微分 14
　——の公式 17

フックの法則 92
浮力 148
プリンキピア 5, 20

平行四辺形の法則 37
ベクトル 30
　——の演算 154
　——の外積 156
　——の加法 36
　——の合成 38
　——の内積 156
　——の微分演算子 159
　——の分解 39
ベクトル記号 30
ベクトル積 109, 156
ベルヌーイの定理 148, 150, 151

ポテンシャルエネルギー 113
　弾性体の—— 116

ま　行

摩擦係数 77
摩擦力 75, 76

面積速度 109
面積速度一定の法則 107

ら　行

ラプラシアン 160

力学的エネルギー 123
　——の保存則 121, 123
力学的エネルギー保存の法則 121
力積 63

わ　行

湧き出し 160
湧き出し率 161

著者略歴

岸野 正剛
(きし の せい ごう)

1938 年　岡山県に生まれる
1962 年　大阪大学工学部精密工学科卒業
　　　　株式会社日立製作所中央研究所，姫路工業
　　　　大学教授，福井工業大学教授を経て
現　在　姫路工業大学名誉教授
　　　　工学博士

納得しながら学べる物理シリーズ 2
納得しながら基礎力学　　　　定価はカバーに表示

2013 年 9 月 25 日　初版第 1 刷

著　者	岸　野　正　剛
発行者	朝　倉　邦　造
発行所	株式会社 朝倉書店

東京都新宿区新小川町 6-29
郵便番号　162-8707
電　話　03(3260)0141
F A X　03(3260)0180
http://www.asakura.co.jp

〈検印省略〉

ⓒ 2013〈無断複写・転載を禁ず〉　　中央印刷・渡辺製本

ISBN 978-4-254-13642-5　C 3342　　Printed in Japan

JCOPY　〈(社)出版者著作権管理機構 委託出版物〉

本書の無断複写は著作権法上での例外を除き禁じられています．複写される場合は，そのつど事前に，(社)出版者著作権管理機構（電話 03-3513-6969，FAX 03-3513-6979，e-mail: info@jcopy.or.jp）の許諾を得てください．

前兵庫県大 岸野正剛著
納得しながら学べる物理シリーズ1
納得しながら 量 子 力 学
13641-8 C3342　　　　　A5判 228頁 本体3200円

納得しながら理解ができるよう懇切丁寧に解説。〔内容〕シュレーディンガー方程式と量子力学の基本概念／具体的な物理現象への適用／量子力学の基本事項と規則／近似法／第二量子化と場の量子論／マトリックス力学／ディラック方程式。

前千葉工大 大沼　甫・千葉工大 相川文弘・
千葉工大 鈴木　進著
はじめからの物理学
13089-8 C3042　　　　　A5判 216頁 本体2900円

大学理工系の初学年生のために高校物理からの連続性に配慮した教科書。〔内容〕力と運動の法則／運動とエネルギー／気体の性質と温度，熱／静電場／静磁場／電磁誘導と交流／付録：次元と単位／微分／ラジアンと三角関数／他

井上忠也・瀧澤　誠・中川弘一・中野善明・
林　一・坂　恒夫・和田義親著
薬学生のための 物 理 学（第3版）
13077-5 C3042　　　　　A5判 290頁 本体4200円

全面改訂〔内容〕運動の法則と運動方程式／エネルギー保存則／運動量・角運動量保存則／弾性体と流体／波動／静電場／電流と磁場／気体分子の運動／熱力学／量子力学（シュレーディンガー方程式・水素原子・多体問題）／原子核と放射性崩壊

成蹊大 近重悠一・成蹊大 伊藤郁夫・元東大 加藤正昭訳
楽しめる 物 理 問 題 200 選
13091-1 C3042　　　　　A5判 320頁 本体4900円

古典物理学で最良の"考えさせる問題"を問題・ヒント・解答の三部構成で提供する刺激的書。百年以上にわたるハンガリーでの蓄積，物理コンテスト，ケンブリッジ大学の入試にしてた問題やアイデアの中から著者らが厳選した200例を収載

静岡大 増田俊明著
はじめての 応 力
13104-8 C3042　　　　　A5判 168頁 本体2700円

直感的な図と高校レベルの数学からスタートして「応力とは何か」が誰にでもわかる入門書。〔内容〕力とベクトル／力のつり合い／面に働く力／体積力と表面力／固有値と固有ベクトル／応力テンソル／最大剪断応力／2次元の応力／他

東大 山崎泰規著
基礎物理学シリーズ1
力 学 I
13701-9 C3342　　　　　A5判 168頁 本体2700円

現象の近似的把握と定性的理解に重点をおき、考える問題をできる限り具体的に解説した書〔内容〕運動の法則と微分方程式／1次元の運動／1次元運動の力学的エネルギーと仕事／3次元空間内の運動と力学的エネルギー／中心力のもとでの運動

戸田盛和著
物理学30講シリーズ1
一 般 力 学 30 講
13631-9 C3342　　　　　A5判 208頁 本体3800円

力学の最も基本的なところから問いかける。〔内容〕力の釣り合い／力学的エネルギー／単振動／ぶらんこの力学／単振り子／衝突／惑星の運動／ラグランジュの運動方程式／最小作用の原理／正準変換／断熱定理／ハミルトン-ヤコビの方程式

戸田盛和著
物理学30講シリーズ2
流 体 力 学 30 講
13632-6 C3342　　　　　A5判 216頁 本体3800円

多くの親しみやすい話題と有名なパラドックスに富む流体力学を縮まない完全流体から粘性流体に至るまで解説。〔内容〕球形渦／渦糸／渦列／粘性流体の運動方程式／ポアズイユの流れ／ストークスの抵抗／ずりの流れ／境界層／他

前横国大 栗田　進・前横国大 小野　隆著
基礎からわかる物理学1
力 学
13751-4 C3342　　　　　A5判 208頁 本体3200円

理学・工学を学ぶ学生に必須な力学を基礎から丁寧に解説。〔内容〕質点の運動／運動の法則／力と運動／仕事とエネルギー／回転運動と角運動量／万有引力と惑星／2質点系の運動／質点系の力学／剛体の力学／弾性体の力学／流体の力学／波動

青学大 秋光　純・芝浦工大 秋光正子著
基 礎 の 力 学
13099-7 C3042　　　　　B5判 144頁 本体2800円

理工系学部初年度の学生のため，長年基礎教育に携わる著者がやさしく解説。例題・演習を中心に全4編14章をまとめ，独習でも読み進められるよう配慮。〔内容〕力学のための基礎数学／質点の力学／質点系の力学／剛体の力学

上記価格（税別）は2013年8月現在